非売品ゲームソフト

非売品ゲームコレクター
じろのすけ 著

CONTENTS

- **002** はじめに

- **003** **ファミリーコンピュータ** 編
  - Column
  - **025** DATASHIP1200／スタディボックス
  - **026** 知られざるハッカーの世界
  - **027** その他の非公認ソフト
  - **028** アジアのパチモノ
  - **030** NHK学園について
  - **032** ファミコン非売品ソフトの現状
  - **034** NESについて／ゾンビハンター茶色版
  - **035** 銀箱（任天堂再販）について
  - **036** その他のバージョン違い

- **037** **スーパーファミコン** 編
  - Column
  - **047** 西部企画のゲーム

- **049** **ゲームボーイ** 編
  - Column
  - **054** ジャガーミシン用ソフト

- **055** **ゲームボーイアドバンス** 編
  - Column
  - **061** アドバンスムービー
  - **062** FCボックス・SFCボックス

- **063** **ニンテンドーDS** 編

- **071** **プレイステーション** 編
  - Column
  - **090** PSの非公認ソフト

- **091** **プレイステーション2** 編
  - Column
  - **102** グランツーリスモの体験版
  - **104** 書籍型ソフトの世界

- **105** **メガドライブ** 編
  - Column
  - **112** マスターシステムとゲームギア

- **113** **セガサターン** 編

- **123** **ドリームキャスト** 編
  - Column
  - **130** DCの同人＆非公認ソフト

- **131** **PCエンジン** 編

- **135** **ワンダースワン** 編

- **139** **その他機種** 編
  - **140** ニンテンドーゲームキューブ
  - **142** Wii
  - **144** ニンテンドー3DS
  - **145** プレイステーション3
  - **146** プレイステーション・ポータブル
  - **150** Xbox・Xbox 360
  - **151** プレイディア
  - **152** 3DO
  - Column
  - **153** ファミ通版ソフト勢ぞろい
  - **154** 体験版ソフトの世界
  - **156** Withサウンドウェア
  - **157** ゲームチラシの魅力

- **158** 索引

はじめに

筆者は、ゲームソフトを集めるのが好きな、いわゆるゲームソフトコレクターです。過去何回かのレトロゲームのブームを経て、ゲームソフトを紹介する本がたくさん出版されましたが、非売品ゲームソフトなどの、世の中にあまり知られていないゲームソフトについて触れた本は、ほとんどありませんでした。本書では、そういった知られざるゲームの歴史の一端を、ゲームコレクターの見地から、ご紹介できたらと考えています。

ただその一方、本書で一番伝えたいのは、「ゲームって楽しい」ということです。かつてのファミコン少年も、いまでは中年を過ぎ、仕事や育児や、その他日々の雑事に追われて、ゲームをやる時間も気力もなくなってきている方が多いと思います。筆者もそうです。しかし筆者は、そういう「ゲーム好きだけど、ぜんぜんやれていない」という方々でも、「自分はゲームが好きだ」と胸を張って言っていいと考えております。「ゲームを集めるだけでも、こんなに楽しい」ということを、少しでもお伝えできたらと思います。

そのため本書は、「眺めて楽しい」本を目指しました。逆に、資料本や研究本のような、コンプリート性、リスト性、順番性などには、あまりこだわらずに書いております。お読みくださる方も、パラパラとめくって目についたページだけ読んでいただいても構いませんし、もちろん最初から順を追ってお読みいただいても構いません。ゲームの楽しみ方は、十人十色、人それぞれですので、本書も、人それぞれ好きな読み方で、楽しんでいただけたら幸いです。

最後に、このようなニッチな趣味の世界を、本にして世に出させてくださった三才ブックス様、この本を書くにあたりご協力くださった多くの方々、また、この本をお手に取ってくださった読者様に、心より御礼申し上げます。本当にありがとうございます。

非売品ゲームソフトとは？

「非売品ゲームソフト」とは、一般販売されなかったゲームソフトです。そのような非売品が登場する経緯には、いくつかあります。

1 懸賞などで、抽選でプレゼントされた
2 ゲーム大会等の景品として配られた
3 雑誌などの企画で配布・販売された
4 販促品などで配られた
5 開発途中版のソフトや店頭デモ用などが、なんらかの理由で流出した

共通しているのは、入手困難なものが多く、情報も少ないということです。まだ誰にも知られていない未知の非売品ゲームソフトが存在する可能性もあります。

このうち本書では、ファミリーコンピュータ以降の家庭用ゲーム機用のソフトを扱います。また、前述のようないわゆる非売品の他、限定販売・書店流通・他製品の付属物なども掲載しています。

また本書は、筆者の個人的な知識の範囲内で書いております。文字数を水増ししても意味が無いと考え、網羅性や整合性にはこだわらず、知らないことは素直に書かないようにしました。ご容赦いただければ幸いです。

本書の読み方

タイトルについて	非売品ゲームソフトでは、正式タイトルがあいまいなものもあります。一部ソフトについては、コレクター間の通称で記載しています。
メーカーについて	非売品ゲームソフトの特性上、正確なメーカー名の把握は困難です。市販版ゲームがある場合はその発売元とするなど、あくまでも目安として編集部で記載しました。また、社名は当時のものです。
ゲーム機の略称	ゲーム機について、本書では以下の略称で表記することがあります。FC…ファミリーコンピュータ、SFC…スーパーファミコン、GC…ニンテンドーゲームキューブ、VB…バーチャルボーイ、GB…ゲームボーイ、GBC…ゲームボーイカラー、GBA…ゲームボーイアドバンス、DS…ニンテンドーDS、3DS…ニンテンドー3DS、MD…メガドライブ、MCD…メガCD、GG…ゲームギア、SS…セガサターン、PS…プレイステーション、PS2…プレイステーション2、PS3…プレイステーション3、PSP…プレイステーション・ポータブル、PCE…PCエンジン、WS…ワンダースワン
マークについて	本書で扱っているタイトルは、基本的にレアなソフトが多いです（値段が高いとは限りませんが）。その中でも特に希少性が高いソフトについては「レア」マークを、さらに貴重なものには「超レア」マークを付けています。

ファミリーコンピュータ 編

　1983年に登場したファミコンは、言わずと知れた超有名国民的ゲーム機です。普段はゲームをやらない人でも、「ファミコン」という言葉を聞くと、なんとなく懐かしい気持ちになるのではないでしょうか？
　おそらく日本国内のレトロゲーマー＆レトロゲームコレクターの思い入れNo.1ハードで、このため大勢の愛好家が熱心に研究しており、すでに多くの情報が公開されています。いまさら筆者が語るのもおこがましいところがありますが、有名どころの非売品ソフトから、あまり知られてない珍品まで紹介していきましょう。この本をきっかけに、ファミコンの歴史に興味を持っていただければと願っております。

箱・説明書付き

「専用の箱・説明書が存在するかどうか」は、ポイントのひとつです。紙箱は傷みやすく、廃棄されやすいため、完品の入手を目指すと難度が上がります。

グラディウス アルキメンデス編

●コナミ

ファミコンの非売品ソフトでも、特に有名な一品です。大塚食品の「アルキメンデス」というスナック（当時の広告での呼称。見た目はあんかけ焼きそば）のキャンペーンで、4,000名にプレゼントされました。ゲーム中に出てくるパワーカプセルが、アルキメンデスに置き換わっています。

箱と当選通知書に4桁の通しナンバーがスタンプされており、カセット、箱、当選通知書が全部そろった完品でこそ価値が出るソフトです。しかし箱とカセットに貼られている「アルキメンデス編」のシールが劣化しやすく、綺麗な状態で揃ったものは入手困難。カセットだけならば比較的見つけやすく、状態によって価値が大きく左右されるソフトだと言えます。

なお、ごく稀に通しナンバーが押されていないものも目撃されており、関係者などに配られたものという可能性があります。もちろん贋作の可能性もありますが、スタンプの有無だけで偽物と決めつけるのは早計かもしれません。

機動戦士Zガンダム ホットスクランブル FINAL VERSION

●バンダイ

FC『機動戦士Zガンダム ホットスクランブル』発売時のキャンペーンで、1,000名にプレゼントされました。これもファミコンの非売品ソフトの中では、かなり有名な部類に入ります。

市販ソフトは3D面と2D面で構成されていますが、『FINAL VERSION』は3D面のみ。カートリッジは銀メッキで、シルバーカートリッジといった外観。さらに箱と説明書も市販品と異なり、専用のものになっています。見た目のリッチさから、コレクター人気も高いソフトです。

ファミリーコンピュータ

レイダック テーラーメイド
● ブリヂストン

ブリヂストンの自転車販売店などに置かれていたようです。画面に従ってパーツを選択していくことで、自転車オーダーメイドがシミュレートできるという内容になっています。

なお巨大なパンフレットのようなものも存在し、これが説明書になっているようです。ただゲーム内容自体が、説明書不要なシロモノですので、説明書を苦労して入手する意味はあまりないと思います。ちなみに、『テーラーメイド』のマーカーも存在します（ファミコンとは関係ないかもしれませんが）。

関連ソフト
シュネッツ
● ブリヂストン

正式名称は「SCHNETZ GOMCHEN R2 FAMICOM ad SYSTEM」。車種や型番を選ぶと、適合するタイヤが分かるという内容です。詳細不明ながら、起動するとブリヂストンのロゴと「ブリヂストンラバーチェーンマッチングデータ1988」という文字が表示され、1988年頃に制作されたと推測できます。※協力：スーパーポテト秋葉原店

タッグチームプロレスリング スペシャル
● ナムコ

FC『タッグチームプロレスリング』発売時のキャンペーンで、600名にプレゼントされました。カセットだけならばたまに見かけるのですが、箱、説明書、当選通知書が揃ったものは、ほとんど出回りません。しかしゲームの操作方法が市販版と著しく異なり、説明書が無いと遊びにくい仕様です。

箱は大変簡素なものですが、このシンプルさがむしろ心を奮い立たせるような気がします。たぶん。

005

キン肉マンマッスルタッグマッチ 集英社の児童図書おたのしみプレゼント

●バンダイ

市販カセットが赤なのに対し、本品は緑色。ラベルも専用のものです。なお、箱は一見すると市販品と同じようですが、裏面などが異なっています。

コレクターの間では、昔からよく知られている非売品ソフトなのですが、どういう経緯で何本配布されたのか、ハッキリした裏が取れていません。集英社の懸賞でプレゼントされたものなのだろうと推測はしますが。

カセットのみであれば比較的よく見かけ、ファミコン世代の方々には「子供の頃に持ってた!」と言う方が少なくありません。一方、箱は極めて入手困難です。

影の伝説 ヤマキめんつゆサマープレゼント

●タイトー

「ヤマキ サマーチャンス!」キャンペーンでプレゼントされたものです。ヤマキめんつゆ類のマークを切り取って、ハガキに貼って応募すると、毎週、抽選で 1,000 名 × 10 週連続で、合計 10,000 名に当たりました(期間は、昭和 61 年 6 月 1 日〜8 月 9 日)。

箱が市販品と異なり、カセットに小さなシールが貼られています。ゲーム内容は市販のものと同じなので、箱にこそ価値があるソフトです。いちおうソフトのみでもレトロゲーム専門店ではそれなりの高値が付きます。

※協力:まんだらけ コンプレックス

セイフティラリー

●安田火災

車の教習ソフトで、カセットとケースが独特の形状をしています。また専用のマップがあり、これを含めて完品と考えるコレクターもいるようです。以前、マップのみがネットオークションに出品され、けっこうな高値が付いたこともありました。詳細は不明ながら、カセットに「YASUDA FIRE & MARINE」、箱には「安田火災」の表記があります。

余談ですが、筆者のニューファミコンで起動させると、画面が崩れてしまいますが、レトロフリークでは起動しました。ファミコン本体との相性があるのかもしれません。

※協力:まんだらけ中野店 ギャラクシー

ファミリーコンピュータ

ファミリースクール
● 第一生命

　第一生命が自社の保険などの販売促進用に作ったソフトのようです。顧客への貸し出しなどもあった模様で、ファミコンの非売品ソフトの中では比較的よく見かけるほうです。

　説明書が2冊入っていることが多く、これで完品とする説もあります。とはいえまったく同じ説明書なので、どちらでもいいような気もします……。

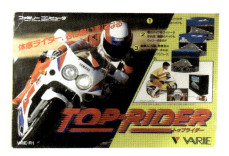

トップライダー YAMAHAバージョン
● バリエ

パッケージ写真の車種、カラーリングなどが市販のものと異なります。バイクのカウルには「YAMAHA」とありますが、制作の経緯などは完全に不明です。
※協力：ベラボー

トップライダー キリンメッツバージョン
● バリエ

「キリンメッツレーシングチームヤマハ」のロゴが入った非売品バージョンです。昔から存在を知られている非売品ソフトなのですが、詳細についてはよく分かっておりません。
※協力：ベラボー

ゴジラ EXTRA PLAYING VERSION
● 東宝

　FC『ゴジラ』の非売品版。モニター向け版と、関係者向け版の2種類が存在します。

　モニター向け版は、ソフト発売前に募集されたモニターの当選者に配布されたようです。配布本数は不明ながら極めて希少で、筆者は過去にネットオークションで1回だけ目撃したことがあるのみです。写真は、関係者向け版です。※協力：ベラボー

KUNG FU

● 任天堂

「非売品」ではありませんが、珍しいので掲載します。コレクターの間では昔から有名なのに、出どころの裏が取れていないという変わったソフトです。

内容は『スパルタンX』と同一で、わずかにタイトル画面が異なるのみです。「商標上の問題により名称を使えない時期があり、タイトルを変更して販売した」という説が定着していますが、確証はなく、いくら調べても伝聞・推定の域を出ない情報しかありません。箱の裏にバーコードがあることから、初期版『スパルタンX』よりは後に出たと考えるのが自然でしょう。

ゴールドカートリッジ

見た目にお宝感があり、かつては非売品ソフトの代表的な存在でした。しかし現在では、贋作が増えたことから値段がつきづらい状況です。

※実際、筆者の所有物も100%確実に本物だとは言えないと考えています。掲載写真にも、もしかしたら贋作があるかもしれない程度にお考えください。

キン肉マンマッスルタッグマッチ ゴールドカートリッジ

● バンダイ

ゲームのやりこみの景品で、地区大会の優勝者8名に対して、各々が希望する超人を入れたゴールドカートリッジがプレゼントされました。8本それぞれが違う内容になっているという、とても贅沢な非売品ソフトです。なお、当時のチラシを見ると『ゴールデンタッグカートリッジ』という名称で記載されています。

ゲーム中に登場する8人の超人のうちの1人が別の超人に差し替えられており、ブラックホール、ペンタゴン、モンゴルマン、ザ・ニンジャなどが、過去に目撃されています。テレビなどで、プレミアソフトの代表例として紹介されることが多いタイトルでもあります。※協力：スーパーポテト秋葉原店

ロックマン4 ゴールド

● カプコン

同ソフトのボスキャラ募集で採用された8名に贈られました。『ロックマン4』のカセットに金メッキを施したもので、ゲーム内容は市販品と同じです。

テレビ東京の「なんでも鑑定団」で紹介された品は、地のカセットの色が市販品と異なっていました。他の7本も同様の色である可能性が高いと考えられますが、100%の確証があるわけではありません。ゴールドカートリッジについては、そのぐらい慎重に考えたほうが良いのではないかと思います。※協力：まんだらけ コンプレックス

ファミリーコンピュータ

オバケのQ太郎
ワンワンパニック
ゴールドカートリッジ

● バンダイ

　ゴールドカートリッジは見た目に高級感があるだけに、コンテストなどの景品としてプレゼントされたものが多いです。このソフトも、ゲーム発売時のスコアアタックで、上位100名にプレゼントされました。

　ゲーム内容も市販とは異なり、オバQが金色（黄色に見えますが……）になっています。

　なお当時のチラシに、「詳しくはコロコロコミック」といった記載があることから、別途誌上プレゼントが行われた可能性は否定できません。

ドラゴンボールZ 強襲！サイヤ人
'90 LIMITED EDISION
ドラゴンボールZ II '91 JUMP
VICTORY MEMORIAL VERSION

● バンダイ

　いずれも断定できるだけの裏付け情報は無いのですが、『Z』は販売店等に配られたという説が有力です。『Z II』については、ブイジャンプ1991年11月27日号に「Vフェス91（Vフェス＝正式名ビクトリーフェスティバル。『Vジャンプ』が読者向けに主催したイベント）」の記事が掲載されており、『ドラゴンボールZ II』の金色のカセットがプレゼントとして掲げられている写真が掲載されています。

　また『Z』は、ネットオークションで「配布時に付いてきた封筒とレター」が一緒に出品されたことがあります。『Z II』も、同じくネットオークションで出品された際、「イベント会場の抽選会でプレゼントされた」などの詳細な説明がなされ、配布時のビニール袋やカードが付いていました。どちらも、ファミコン史における非常に貴重な資料だと思います。

　これらの品は、本物である可能性が極めて高いと判断されたせいか、高値が付きました。ゲームソフトの収集は、かつてはプレミアソフトの一覧リストを眺めて単純に集めるだけでしたが、最近は、自分なりに情報を収集して判断することが必要な世界になりつつあるように思えます。※協力：ベラボー

009

ファミリーボクシング
ゴールドカートリッジ

●ナムコ

同ソフトの全国トーナメントの上位16名に配布されました。当時のチラシでは、「特製マル秘カセット」と記載。実物はカセットに金メッキが施されており、ゲーム中のジムの名前が入賞者の名前になっているなどの違いがあるようです。

パンチアウト!!
ゴールドカートリッジ

●任天堂

当時の任天堂は、全国のショップに設置された通信機器・ディスクファクスを用いて、オンラインランキングを行っていました。その賞品のひとつがこれです。

ディスクファクスを使ったイベントの第2回、「ゴルフトーナメント US コース」の賞品として、上位者5,000名と抽選で5,000名、計1万名に配られました。その後、キャラクターがマイクタイソンに差し変えられた『マイクタイソン・パンチアウト!!』が市販されています。

幻の非売品ソフト!!
名門!第三野球部
スペシャルソフト

●バンダイ

「週刊少年マガジン」1989年34号に、『名門!第三野球部』のスペシャルソフトを5名にプレゼントする旨の記載があります。内容は、当選者自身が第三野球部のメンバーとしてゲーム中に登場するというもので、同40号で当選者5名が発表されました。数が極端に少なく、本当に作成されたのか? どういう形状なのか? 現存するのか? など、全てが不明で、今となっては幻のソフトとなっています。

なお、同ソフトに銀メッキが施されたシルバーカートリッジが、ネットオークションに過去数回出品されていますが、それらがこのスペシャルソフトだったのかどうかは不明。当時の「週刊少年マガジン」では、カセットの形状や色などについては触れられていませんでしたので、シルバーカートリッジが本物なのか贋作なのかも不明です。

バイナリィランド
ご祝儀バージョン

●ハドソン

ハドソン社員の結婚式のお祝いに制作されたと言われており、存在すること自体は確実なようです。ただし本物がどういうものなのか筆者自身も確信を持てずにいるため、写真はあえて掲載しません。詳しくお知りになりたい方は、筆者ブログの記事「バイナリィランドご祝儀バージョンについてのまとめ&推論」をご参照いただければと存じます。(http://jironosuke.cocolog-nifty.com/blog/2013/11/post-50d7.html)

ファミリーコンピュータ

カセット単体

箱と説明書が元から存在せずカセットのみで配布された非売品ソフト。このストイックさに魅力を感じるコレクターもいます。とりあえず、筆者はそうです。

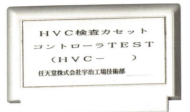

HVC 検査カセット
●任天堂

コントローラの動作チェックに使われたもののようです。起動するとコントローラが画面に映し出され、実際のコントローラでボタンを押すと、画面上の当該ボタンが反応します。ただそれだけの内容でゲーム性は皆無です。

カセットのラベルは、何種類かあるようで、ラベルに違いがあっても、贋作と決めつけるのは早計でしょう。もちろん、本物だという保証もありませんが……。※協力：ベラボー

スターソルジャー
連射測定カセット
●ハドソン

ゲーム中に出てくるトルード（ドクロのような見た目の地上物）を、制限時間内にどれだけ破壊できるかを競う内容。トルードは攻撃してこないので、ひたすら連射です。

キャラバンで入賞者に配られるなど、色々な機会にプレゼントされたようです。カセットの色、ラベルシールなどは、その時々でマチマチ。ラベルシールについては、白地に手書きで書かれただけの、手作り感満載のモノもあるようです。なんとなく、当時のアバウトな雰囲気が感じられます。
※協力：まんだらけ コンプレックス

ドンキーコング JR. & JR.
算数レッスン
●—

シャープのファミコン内蔵TV「C1」に付属していたソフトです。ファミコンの非売品ソフトの中では、かなり容易に入手できる部類に入ります。

市販の『ドンキーコングJR.』と『ドンキーコングJR.の算数遊び』の一部が収録された内容です。

011

桃太郎電鉄 スペシャル版
● ハドソン

　同ソフトの発売前に関係者に配られたもので、サンプルカセットの一種とみなしてよいと思われます。

　以前、高橋名人のブログで『スペシャル版』と呼称されたことから、この呼び名が定着したようです。ちなみに、当該ブログによれば、配布数は250本か500本ではないかとのことでした（あくまで記憶をたどっての記述だと思われます）。

マイティ文珍ジャック
● テクモ

　テレビ東京系列「痛快テレビゲーム！ファミン子全員集合」というTV番組（1986年の春休み特別企画）において、出席した子供達に配られたソフトで、『マイティボンジャック』の爆弾が、桂文珍の顔に置き換わっています。

　長らく都市伝説として語られていましたが、2010年1月、ブログ「ファミコンのネタ!!」によって実在することが判明し、コレクター達の間で話題になりました。詳細については、同ブログの「究極のレアソフト「マイティ文珍ジャック」は存在した!!!」「究極のレアソフト「マイティ文珍ジャック」についてのまとめ」を参照してください。

※協力：オロチ（ファミコンのネタ!!）
http://famicoroti.blog81.fc2.com/blog-entry-274.html
http://famicoroti.blog81.fc2.com/blog-entry-292.html

PLAY BOX BASIC
● ―

　シャープのファミコン内蔵TV「C1」の純正キーボード用に作られた専用ソフトです。内容は『ファミリーベーシック』のようなもので、地味ながらほとんど市場に出回らず、入手はかなり困難です。販売形態などについては不明ですが、過去に筆者が見たネットオークションの出品例から推測するに、キーボードに同梱されていた可能性が高いように思われます。

ファミリーコンピュータ

ステッカーのみ

ファミコンカセット用のラベルステッカーが、単体でプレゼントされたこともありました。現在では、ほとんどがカセットに貼られたかたちで発見されます。

『エグゼドエグゼス』（徳間書店）と『ロットロット』（徳間書店）では、やりこみキャンペーンが開催され、得点に応じて、4つのランクのメンバーズステッカーが配られました。

それぞれの配布枚数は、シルバー（2,000名）、ゴールド（500名）、プラチナ（100名）、ロイヤル純金（10名）です。これらのステッカーはカセットにピッタリと貼れる形になっており、現在ではほとんどの場合、カセットに貼られた形で発見されます。

ただし、4種類すべての存在が確認されているわけではなく、筆者は『エグゼドエグゼス』のロイヤル純金と『ロットロット』のプラチナとロイヤル純金は、見たことがありません。※協力：スーパーポテト秋葉原店

ディスクシステム

ディスクシステムでも多数の非売品ソフトが生まれました。カセットと同じく、金メッキが施されたゴールドディスクもいくつか作られています。

オールナイトニッポン スーパーマリオブラザーズ
● 任天堂

ラジオ番組「オールナイトニッポン」の懸賞で3,000名にプレゼントされたほか、当時はフジテレビでも買えたようです。

『スーパーマリオブラザーズ』のキャラがラジオ番組のパーソナリティーに置き換えられており、ファミコン＆ディスクシステムの非売品ソフトの中でも、最も有名なもののひとつですね。※協力：まんだらけ コンプレックス

ゴールドディスク
(ゴルフ JAPAN コース)
●任天堂

　ディスクファクスを使ったイベント第1回「ゴルフトーナメント JAPAN コース」の賞品としてプレゼントされました。上位100名には、入賞記念盾とゴールドディスク、その他5,000名にゴールドディスクが配られています。

　なお、チラシ上では「ゴールデンディスク」と表記されていますが、コレクターの間では長らくゴールドディスクと呼ばれており、この呼び方で記載しています。

PRIZE CARD
(ゴルフ US コース)
●任天堂

　『ゴルフ US コース』入りのゴールドディスクです。昔からよく見かける非売品ソフトなのですが、どういった経緯で配布されたのか確実な情報がありません。『ゴルフ US コース』のトーナメント大会で、『パンチアウト ゴールドカートリッジ』が当たらなかった人達に配布されたという説がありますが、裏付けは取れていません。

惑星アトン外伝
●国税庁

　国税庁が、小学生をターゲットに税の仕組みを知ってもらうために制作したソフトで、全国のイベント会場や税務署などでプレイできたようです。なお写真は、国税庁の Web サイトで公開されているものです。

ゼルダの伝説チャルメラ版
●任天堂

　詳細は不明ですが、「明星チャルメラ」の懸賞でプレゼントされたもののようです。チャルメラ版のファミコン本体も存在します。※写真は、筆者の知人がかつて所有していたものです。すでに手放しているそうですが、写真のみお借りしました。

サンプルカセット

関係者や販売店向けのサンプルとして制作されたカセットです。膨大な量がありとても網羅しきれませんので、特徴的なものを中心にいくつかを紹介していきましょう。

全体像は把握できない！

　関係者向けに作られたサンプルが、何かの拍子に中古市場に出てくることがあり、サンプルカセットと呼ばれています。開発段階のもの、製品版と同内容で外観が異なるもの、製品版と同じ見た目で内容が異なるもの等、いろんなパターンが存在します。いずれも現存数は極めて少なく、狙って入手するのは困難でしょう。また、市場価格もあって無いようなものです。多種多様で全体像が把握できない世界ですが、筆者の手持ちからいくつか紹介していきます。

特徴的なサンプル

　『スパイ VS スパイ オートデモカセット』はデモ専用で、プレイは一切できない仕様。ただしタイトル画面にヘッケルとジャッケルのアップが表示されており、非常にかっこいいです。なぜこれが製品版で使われなかったのかと残念に思います。
　コナミのサンプルカセットは、見た目に統一感があり、ついつい集めてみたくなります。起動すると製品版と同じようなものが多いのですが、発売予告等のデモが差し込まれているものもありました。
　他にも色々な形状のものがあります。例えば、筆者の知人が所持する『ファイナルファンタジー』の開発途中版は、ディスクシステムアダプターと同じ外観をしています。開発途中版だけあって、カヌーが入手できず、そこから先に進めないようです。※協力：市長 queen

未発売作品のものも！

　サンプルカセットには、発売されなかったタイトルのものも存在します。コレクターの間では、FC『ラブクエスト』が有名です。同作はスーファミソフトとして有名ですが、FC版も制作されており最後までプレイ可能になっています。※協力：ベラボー
　このほか、『ストライダー飛竜』『バイオフォース・エイプ』『モンスターパーティー』『エイリアン2』なども、FCでは発売されていませんが、ほぼ完成状態のサンプルが存在しているようです。また、『4人打ち麻雀』の開発段階で作られたサンプルカセットは、タイトル表記が「ジャン狂」になっています。
　さらに、「ファミコン通信」1995年7月7日号の誌上のオークションには、未発売ソフト『早指し二段森田将棋2』が出ていました。果たして今でも現存しているのか、非常に気になる一品です。

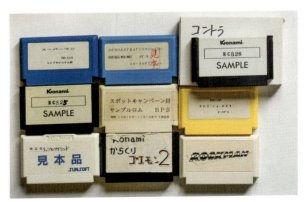

グッズ類

ファミコン関係の非売品グッズについても見ていきましょう。こちらもディープな世界で、全容は把握しきれておりませんが、有名なものに絞って紹介させてもらいます。

特製ゲーム＆ウォッチ スーパーマリオブラザーズ
●任天堂

　ディスクファクスを使ったイベントの第3回、「ファミコングランプリF1レース」で入賞者10,000名にプレゼントされました。

　また、上位者100名にはトロフィーもプレゼントされたようです。

サンソフトオリジナル 机上ブラシ（東海道五十三次）
●サンソフト

　サンソフトのいくつかのタイトルでは、早解きの景品や抽選プレゼントなどで「オリジナル机上ブラシ」がプレゼントされたようです。筆者は『東海道五十三次』の机上ブラシしか持っていませんが、他にも色々あるようです。

中山美穂のトキメキハイスクール サイン入りビデオテープ／サイン入りテレホンカード
●任天堂

　ディスクファクスを使ったイベントの第4回にあたる、『中山美穂のトキメキハイスクール』の抽選で、ゲームを解いて応募した人の中から各々8,000名にプレゼントされました。

ファミリーコンピュータ

透明ジョイカード mk2
●ハドソン

ボディが透明なジョイカードで、FC『Bugってハニー』のキャンペーンでプレゼントされたものです。第3面のパスワードをハガキに書いて、応募シールを貼って申し込むと、抽選で1,000名に当たる旨、当時のチラシに記載があります。ただ1,000名に配布されたという割には、あまり見かけません。憶測ですが、キャンペーン期間が昭和62年6月5日～6月30日と短かったため、実際の配布数がもっと少なかった可能性はあると思います。

リップルアイランド カンペンケース
●サンソフト

サンソフトのファンクラブ通販で購入できました。また、FC『リップルアイランド』に同封の応募ハガキを送ると、抽選で1,000名にプレゼントされました。

データック(DATACH) スペシャルカード
●バンダイ

ファミコン用周辺機器、データックで使うカードです。
『データック ドラゴンボールZ 激闘天下一武道会』のアンケートハガキに、抽選で3万名にデータック専用バーコードカードをプレゼントする旨の記載があります。おそらく、ここでプレゼントされたのが本品でしょう。
なおデータックのチラシには、ゲーム中に出てくる秘密のパスワードをハガキに書いて送ると、抽選でプレゼントがある旨の記載もありました。このプレゼントが同じものだったのかどうかは不明です。

プリティミニ
●任天堂

ディスクファクスを使ったイベントの第5回となる、「ファミコン グランプリⅡ 3Dホットラリー」の商品として10,000名に配られました。ディスくんケースに文具が入ったものです。※協力：まんだらけ コンプレックス
このとき、3つのコース各々の上位者100名、計300名に、クリスタルの置物もプレゼントされたようです。
※協力：ベラボー

通信カートリッジ

ファミコンには通信カートリッジなどを使うネットワークサービスがあり、大量のソフトがあります。これらは、非常に希少ながら値段は安いことが多い、いわゆる「裏レア」が多いです。

基礎知識

　通信カートリッジというのは、ファミコンを使ったネットワークサービスを使用するための、通信カードのことです。

　ファミコン全盛の頃、ファミコン本体に通信アダプタカセットを差し込んで、電話回線を使って証券会社や銀行等と接続するサービスがありました。その接続の際、通信アダプタに専用の通信カートリッジを差し込んで使用しました。人によって呼び方はマチマチですが、本書においては、通信カードのことを「通信カートリッジ」、ファミコン本体に差すカセットを「通信アダプタ」で統一します。

　まだインターネットすらほぼ無かった時代にこういう構想を持っていたあたり、流石は任天堂です。また証券会社から見ても、ファミコンという端末はパソコンよりも圧倒的に安価で、かつ一般家庭にもかなり普及していたので、魅力的だったのだろうと思われます。

　当時の新聞記事を見ると「ファミコン通信時代到来！」「ゲーム以外への用途広がる！」といった見出しが躍っています。ファミコンと言えば夢中で遊んだ少年時代の思い出しかありませんが、オトナの世界からは別の側面が見えていたのですね。

通信アダプタの種類

　ファミコンの通信アダプタは、大きく分けて3種類あります。「山一のサンライン(FAM-NET)」と「マイクロコア方式」と「野村・任天堂方式」です。「山一」というのは山一證券で、「野村」は野村證券のことです。ただ「山一のサンライン」はすぐに「マイクロコア方式」に乗っかったようなので、メジャーなのは「マイクロコア方式」と「野村・任天堂方式」の2種類になります。

　いずれも、ファミコンネットワークで、家庭と証券会社を繋ぎ、家に居ながらにして株式のトレードが出来るようになるサービスでした(以下「ファミコントレード」とします)。

山一證券の『サンラインF-Ⅱ』で使用された通信アダプタ「FAM-NET」。

マイクロコア方式の通信アダプタ「TV-NET」。ブリヂストン製のものと、マイクロコア製のものがある。

018

ファミリーコンピュータ

通信カートリッジ小史

一番最初にファミコントレードサービスを始めたのは、「山一のサンライン」だったようで、当時の新聞記事によれば、「業界で最も早くファミコントレードサービスを開始」「1987年7月にサンラインFという名称でスタート」だそうです。これが、日本初のファミコントレードということになります。

1987年といえば、当時のファミコン少年たちが、『燃えろ!!プロ野球』の実写っぽい演出とか、『月風魔伝』のオープニングとかを見て、心をときめかせていた頃です。そんな頃から、すでにファミコントレードが始まりつつあったのです。

「山一のサンライン」としては、翌年の1988年3月により機能を強化した「サンラインF-Ⅱ」が出ました。その後「サンラインF-Ⅲ」も出ましたが、これはマイクロコア方式に乗る形だったので、「山一のサンライン」方式は、「サンラインF」と「同-Ⅱ」の2種類だけとなります。

その頃、野村證券＆任天堂も動いており、当時の新聞記事によると、1987年からモニターを集めて、ファミコントレードの実験的サービスを開始したそうです。その後、1988年7月に「野村のファミコンホームトレード」というかたちでサービスが開始されました。

また、マイクロコア陣営も動いており、1988年に、マイクロコア社・マイクロ総合研究所・NTTの共同開発で、マイクロコア方式の通信アダプタである「TV-NET」が開発されました。

「野村・任天堂」陣営は、当然他の証券会社も巻き込んでサービスを開始したかったのだろうと推測されますが、そこはオトナの世界、しかも特にメンツを重視しそうな金融機関ですので、まとまらなかったんだろうなぁ……と思います。

1988年5月には、大和證券、山一證券、日興証券が、野村にアテつけるかのごとく、立て続けにマイクロコア方式でのサービス開始を表明。山一證券には「山一のサンライン」があったのですが、早々にマイクロコア方式に乗ることを選んだようです。

一方で、野村証券も負けてません。前述の通り、同年7月に「野村のホームトレード」を開始。10月に山種証券が参入します。マイクロコア側も、9月にユニバーサル証券が参入します。こうなるともう証券会社の取り合いです。最終的にどちらの陣営にどこが参加したかは、後掲のリストでご確認ください。

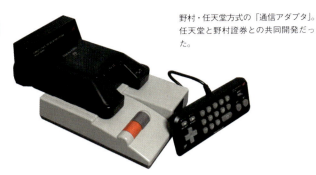

野村・任天堂方式の「通信アダプタ」。任天堂と野村證券との共同開発だった。

当時のチラシ。山一證券は、『サンラインF-Ⅲ』から自社方式を捨ててマイクロコア方式に参入した。

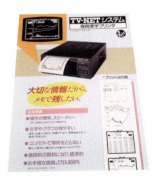

マイクロコア社が発売した、「TV-NETプリンタ」。左は当時のチラシ。

通信カートリッジなしで動作する「TV-NET RANK2」。

019

利用方法はさまざま

このファミコンネットワークですが、証券取引以外にも色々ありました。

1988年頃、関東自転車競技会が、マイクロコア方式で「ファミコン競輪情報」の提供を行いました。「ピスト」という通信カートリッジを使用します。

1990年頃、郵政省がキャプテンシステムを使ったサービスをより一層普及させるため、マイクロコア方式でファミコンからも利用できるようにしました。「TV-NET rank2」という通信アダプタを使用しており、通信カートリッジは不要で、単体で使えるファミコンカセットになっています。

また、ブリヂストンが「ファミコンフィットネスシステム」なるものを、マイクロコア方式で発売しました。価格はなんと34万5千円(!!)。幻の一品です……。最初はスポーツジムなどに導入され、1990年12月からは一般販売もされたようです。

通信カートリッジの中では比較的よく見る『JRA-PAT』は1992年頃に開始したようです。「野村・任天堂方式」と「マイクロコア方式」の両方で提供されました。

その他、本家の任天堂が開始した『スーパーマリオクラブ』なるサービスがあります。問屋と任天堂を結ぶネットワークサービスです。1990年12月に実験試行期間開始、1991年に正式開始したようです。

ちなみに、1988年頃に、マイクロコア社が、漢字が印字できるプリンターを発売しました。ファミコンにおける唯一のプリンターで、都市伝説級にレアな一品です。

野村・任天堂方式

「野村・任天堂方式」と「マイクロコア方式」、それぞれに通信カートリッジがあります。ファミコンを集めている人なら知っておきたいポイントを押さえておきましょう。

紙箱とカードで完品です。この紙箱が、ほどよい大きさ・形状の上に、ちゃんとFFマークも付いています。ファミコン好きなら、思わず集めたくなる逸品です。

種類も豊富ですが、よく見かけるのは、『スーパーマリオクラブ』『野村のファミコントレード』『JRA-PAT』の3つです。たぶん、これらが最も普及していたサービスだったんでしょうね。

ただし、『JRA-PAT』は型番違いが非常に多い上に、紙箱付きのものがほとんど現存していません。紙箱付きで全部集めようとするとかなりの入手難易度になります。

「TV-NET」の完品(左)と、『サンラインF-Ⅲ』の完品。専用のキーボードが同梱されているのが、マイクロコア方式の特徴。

通信カートリッジの差込口が無い「FAM-NET」。

野村・任天堂方式

野村のファミコントレード

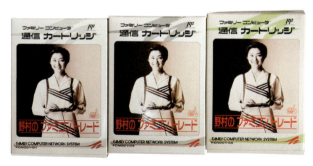

ファミリーコンピュータ

『野村のファミコントレード』も比較的入手しやすいのですが、型番違いがあります。さらに型番が違うと通信カートリッジの色も違い、全種類集めたいところです。

最もよく見かけるのが、型番FCN001-03です。次に見かけるのがFCN001-01で、FCN001-05はあまり見かけません。あと何故か、FCN001-02と04については、筆者は見たことがありません。

『スーパーマリオクラブ』は、問屋等に配布し、新作の情報配信サービスなどに使われたようです。最初のモニター用と思われる実験版（青色）と、通常版（赤色）の2種類があります。マリオの絵柄がコレクター受けしそうな一品です。赤のほうは、よく見かけます。青は入手困難です。

これら以外にも、銀行のサービス（『三和のペガサス』、『住友のホームライン』など）、競艇用の『PIT』などがあります。

マイクロコア方式

こちらは、完品だと通信カートリッジの他、アダプタや解説書、コントローラなどが箱に収められています。

ご覧の通り大きめのサイズなので、ほとんどの場合、箱は廃棄されていると思われます。集める際は、基本的にカードとコントローラぐらいしか、見つからないのではないかと思われます。見た目がファミコンっぽくないので、一般家庭で不燃ゴミとして廃棄されている恐れがあり、一刻も早く保護したいシロモノです。

比較的有名なのがポパイの絵柄の『大和のマイトレード』ですが、実は意外と入手困難です。比較的入手しやすいのは『日興のホームトレード』『JRA-PAT』『サンラインF-Ⅲ』あたりです。

FAM-NET

山一の『サンラインF-Ⅱ』は、FAM-NETという通信アダプタカセットに、通信カートリッジを差し込んで使います。このFAM-NETですが、通信カートリッジの差込口が無いものも存在します。

当時の新聞の『サンラインF-Ⅱ』についての記事では「サンラインFを機能アップし、汎用性を持たせた」というような記載があり、「汎用性を持たせた」=「通信カートリッジ差込口が無いカセットに、カード差込口を追加した」ということではないかと推測されます。おそらくこの「差込口が無いカセット」が、初代「サンラインF」ではないかと思われますが、なにぶん証拠となる資料が少なすぎて確認が得られていません。

JRA-PAT

山種のファミコントレード

コスモのファミコントレード

岡三のファミコントレード

住友ホームライン

PIT

第一のファミコントレード

※左の箱が破れているものは、FCN030-01です。非常に希少なため、箱がこのような状態であっても載せるべきと判断しました。

ファミコンアンサー

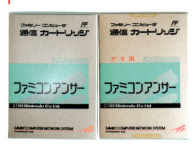

スーパーマリオクラブ

和光のファミコントレード

※左下の型番が異なります。

新日本のファミコントレード

※左下の型番が異なります。

勧業角丸のファミコントレード

三洋のファミコンパスポート

三和のパーソナルバンキング ペガサス

ハートの便利くんミニ

近畿銀行タスカルミニ

ダイワ マイスタックミニ

通信将棋倶楽部

マイクロコア方式

大和のマイトレード

ユニバーサルのマイトレード

日興のホームトレードワン

センチュリー証券

ピスト

山一證券 サンラインF - Ⅲ

JRA-PAT

※表面だけだと分からないと思いますが、裏面の型番違いなどがあり、現在5種類発見されています。

ファミリーコンピュータ

023

野村・任天堂方式 通信カートリッジリスト

型番	名称	備考
FCN000-05	ファミコンアンサー	
	ファミコンアンサー（デモ用）	「デモ用」の印字あり
FCN000-08	スーパーマリオクラブ実験版	青
FCN000-09	スーパーマリオクラブ	赤
FCN001-01	野村のファミコントレード	カートリッジ：黒
FCN001-03	野村のファミコントレード	カートリッジ：青
FCN001-05	野村のファミコントレード	カートリッジ：オレンジ
FCN002-01	山種のファミコントレード	
FCN003-01	コスモのファミコントレード	
FCN004-01・03	和光のファミコントレード	FCN004-02 は未発見
FCN005-01	岡三のファミコントレード	
FCN006-01・03	新日本のファミコントレード	FCN006-02 は未発見
FCN007-01	勧業角丸のファミコントレード	
FCN008-01	第一のファミコントレード	
FCN009-01	三洋のファミコンパスポート	
FCN011-01	三和のパーソナルバンキング ペガサス	
FCN014-01	ハートの便利くんミニ	
FCN017-01	近畿銀行タスカルミニ	
FCN019-01	ダイワ マイスタックミニ	
FCN026-01	通信将棋倶楽部	
FCN027-02～06	JRA-PAT	FCN027-01 は未発見
FCN030-01～03	PIT	
FCN030-03	住友ホームライン	

マイクロコア方式 通信カートリッジリスト

名称	備考
大和のマイトレード	ポパイ絵柄。吹き出し黄色
大和のマイトレード	ポパイ絵柄。吹き出しピンク色
大和のマイトレード	ポパイ絵柄なし
ピスト V1.0、V3.0	V2.0 は未発見
ユニバーサルのマイトレード	

名称	備考
日興のホームトレードワン	
山一證券 サンラインF-Ⅲ	
センチュリー証券	
JRA-PAT	バージョン違い多数

通信カートリッジ収集への道

　通信カートリッジの収集は、とても難しくて、でも楽しいです。最大の特徴は、市場がまだ形成されていないこと。そのため、なかなか物が出てこず、特に箱付の完品にこだわると、入手難度が跳ね上がります。逆に、市場が形成されていないが故に、見つけさえすれば安価で入手できることがあります。ジャンク品コーナー等、思わぬところで手に入ったりします。レトロゲーム専門店のショーケースに鎮座しているような普通のレアソフトと違い、純粋に探索を楽しめるのです。

　またバージョン違いを探すのも楽しいです。例えばTV-NET の通信アダプタでも、発売元違い、型番違いなど、色々なバリエーションがあります。

　まさに、ファミコン最後の秘境とでも言うべき世界で、自ら開拓していく楽しさが味わえます。

ファミリーコンピュータ

Column／FC通信用!?　DATASHIP1200

「ファミリーコンピュータネットワーク用通信機」です。「ファミリーコンピュータ用」ではなく、「ファミリーコンピュータネットワーク用」。つまり内容としては、「ファミコン」+「通信アダプタ」-「ゲームとして遊ぶ機能」です。

1990年に、第一勧業銀行と任天堂が共同で、企業向けにファームバンキングサービス（業務用銀行サービス）用端末として開発したものです。当時の記事によれば、愛称は「便利くん・ミニ」だそうです。

「ファミコンのネットワークを使いたいけど、大人が子供のゲーム機でやるのは、なんか恥ずかしい」という客層でも、使いやすいようにしたんじゃなかろうかと、勝手に推測しております。

筆者の経験上、通信カートリッジ『ハートの便利くんミニ』が同梱されているもの、同『ファミコンアンサー』が同梱されているもの、なにも同梱されていないものの3種類を見たことがあります。

Column／通信教育用　スタディボックス

スタディボックスとは、1986年4月に福武書店（現ベネッセコーポレーション）が開始した、ファミコンを使った子供向け通信教育用システムです。スタディボックスのカセットアダプタをファミコン本体に差し込み、専用のデータコーダを接続し、教材のカセットテープを読み込んで使用するものでした。当初、スタディボックスはレンタル方式で、解約時には要返却だったようです。レンタル料金は初年度が1万5千円で、次年度から1万円でした。別途教材費がかかり、こちらは月額3,500円で、国語、算数、理科、社会の4教科（2本）のカセットテープと教材テキスト1冊が届くというものでした。

その後、スタディボックス本体は買い取り方式になりました。形状も大幅に変わり、カセットアダプタとデータコーダが一体になりました。現在、中古市場で見かけるスタディボックスは、基本的にこちらの形状のものです。

サービスが運用された時期は1986年から1994年まで。教材のカセットテープの種類は約250種類もあったようです。教材は途中でサイエンスコース「ニュートンランド」と、イングリッシュコース「エンジョイEnglish」の2種類に別れ、ときどき特別付録として「金色のどんぐり」や「N57星を探ろう！」など、ミニゲームみたいなものが送られてきたようです。

025

Column／知られざるハッカーの世界　寄稿：ベラボー

ファミコンには、非公認のソフトが多数出ています。賛否両論あるようですが、存在したことは紛れもない事実です。それを面白いと感じるかどうかは、人それぞれですし、面白いと感じる人でも、どこまで許容するかという線引きは人によって異なると思います。その線引きも、その時々で変わりうる曖昧なモノだと考えています。百人百様の「なんとなく」「まぁいいか」で許容されている世界。そんな非公認ソフトについて、名だたるコレクターの方々に語っていただきました。まずはベラボー氏から。ハッカー・インターナショナル（以下、ハッカー）についてです。

ベラボー氏はギネスブックに申請されたことでも有名で、筆者が知る限り、おそらくは世界で最もゲームソフトをお持ちのコレクターだと思います。「コレクターである前に、まず常識人であれ」をモットーに、ご家族を愛し、お仕事も精力的にこなされています。 （じろのすけ）

ハッカーとは？

ファミコンのアンダーグラウンド世界、非公認ソフトといえばハッカーだろう。

ハッカーは当初、「HACKER JUNIOR」というファミコン本体に AV 出力や連射機能を搭載した改造本体を主力商品としていた。ところが、これが任天堂の知るところになり裁判、ハッカーは全面敗訴（判決：昭和 63 年（ワ）第 1607 号）を受けることになってしまった。

これをきっかけに、ハッカーはディスクシステムをバックアップする生ディスクの販売、自社でのオリジナルゲームソフト販売に力を入れていくことになるが、いちからのソフト開発は難しく、パソコン用に発売されていたアダルトゲームを移植するという戦略をとることになる。そして PC アダルトのソフトメーカーごとに「MIMI Pro」「SUPER PIG」「INDIES SOFT」と別ブランドを作成、量販店やパソコンショップ、雑誌通販で展開していくことになった。

その後、ファミコンディスクのコピー対策を巡るイタチごっこや ROM カセットの大容量化により、ハッカーも ROM カセットの販売に着手する。

当時の台湾メーカーの技術はすさまじく、Computer & Entertainment（以下 C&E）や Sachen はファミコンや NES で動くオリジナルソフトを独自に開発、販売していた。そのクオリティは高く『QBOY』や『Final Combat』などのタイトルは国内の正規メーカーに引けを取らない出来であった。

ハッカーはこの技術力の高さと、同じ非公認という所に着目し、これらのゲームを日本で販売することを画策した。ただの移植ではなく日本版にはアレンジが加えられており、例えば C&E の『戦国四川省』はアメリカでは『Tiles of Fate』として NES で販売され、日本では『アイドル四川麻雀』としてファミコン互換で発売されたが、ストーリーが変更されている。

ハッカーの ROM の形が特殊なのは任天堂が持っているカートリッジの形状の権利（意匠権）を回避するためで、負けはしたものの、最初の裁判の時から徹底して権利関係を調べ

「MIMI Pro」ブランドで売られたソフトの一部。

「SUPER PIG」ブランドで売られたソフトの一部。

「INDIES SOFT」ブランドで売られたソフトの一部。

『アイドル四川麻雀』のカセット。意匠権を意識し、特殊な形状になっている。

ファミリーコンピュータ

た上で動いていた。ハッカーはイリーガルなように見えて、法には触れないという方針で運営されていた。

PCエンジンに移行

時は移り、ハッカーはPCエンジンに活動の場を移したが、ゲームは自社で開発できるようになり、Huカードでは9タイトル、SUPER CD-ROMでは8タイトルを発売した。CD-ROMに関しては独自のシステムカード「GAMES EXPRESS CD CARD」を開発し、メーカーの公認は取らずに、それでいて合法的にここまでできるようになっていた。

創業者の萩原暁氏は元々は音楽プロデューサーで、char、クリスタルキング、チェッカーズ、ツイスト、アラジンなどを発掘していた敏腕プロデューサーだった。ソフマップの創業者とも彼が4畳半で会社を始めた頃からの知り合いで、非公認ソフトの最大の悩みである流通も、その剛腕と人脈により解決できたのだ。

アダルトメーカーとの提携、絵師の発掘、海外産の無認可ゲームの輸入、独自開発の技術、法に触れないような徹底した調査。ハッカーはその内容から、どうしても無法者のイメージが付きまとうが、その実は、一人の男の挑戦と情熱による産物だったのである。

Column／その他の非公認ソフト

スーパーマルオ

タイトルからしていかがなものかという感じがしますが、非公認のエロゲーです。といっても、極めて簡素なゲーム画面な上、逃げる女子を追いかけるだけのゲーム内容。捕まえるとエッチな絵が見られます。この絵がまた非常にしょぼいのですが、そういったB級テイストも含めて、逆にコレクター的には嬉しかったりします。

※協力：駿河屋秋葉原店 ゲーム館

藤屋のファミカセシリーズ

非公認ソフトはほとんどがエロ系ですが、このシリーズは、真面目な（？）テーブルゲーム集です。存在が極めてレアで、筆者はシリーズの1・3・4しか見たことがありません。情報もほとんど無く、筆者自身も、ただ実物が手元にあるだけで、世に出た経緯等は全く不明の、謎のファミカセでした。

しかし2017年10月、ブログ「ファミコンのネタ!!」によって、長年の謎が解明されました。藤屋という毛糸販売店の息子さんの、通称「ドクター前田」と呼ばれる方が、自主制作したファミコンソフトだったそうです。ちなみにこのソフト、タイトル画面やカセットのラベルシールに住所が載っておりまして、東京都新宿区高田馬場だそうです。

ドクター前田氏については、「Gアクション」1990年1月1日号に、「ファミコンソフトを自主制作した天才医師」としてインタビュー記事が掲載されています。自力でファミコンカセットを制作されてしまうという、まさしく天才のなせる技ですね。そしてその記事によれば、藤屋のファミカセシリーズは、全部で5本存在するようです（一部はディスクシステム用）。

詳細は、ブログ「ファミコンのネタ!!」の「闇のファミコンソフト『藤屋ファミカセシリーズ』の正体が判明」に記載されています。ファミコンの歴史のページがまた一つ明らかになった記事ですので、ぜひご覧いただければと思います。

※協力：オロチ（ファミコンのネタ!!）
http://famicoroti.blog81.fc2.com/blog-entry-2614.html

027

Column／アジアのパチモノ　寄稿：麟閣

麟閣氏は、パチモノゲームソフトを求めて実際に中国に住まれたり、アジア各国を回られたり、他に類を見ない経歴をお持ちの方です。パチモノを楽しむイベント「麟閣的家庭用電子遊戯活動！」主催者であり、ドラクエの復活の呪文ネタの制作者としても有名です。　　　　　　（じろのすけ）

最初はコピーから

アジア、特に中華圏で流通している「パチモノ」ゲームソフト。どの機種でも言えるのだが、基本的に最初は正規品をコピーしたカートリッジが流通する。その次にラベルを変えたものが現れ、一つのカートリッジにソフトが数本入った「in1」と呼ばれるソフトや、オリジナルのソフトが出てくる。後者については、中国語に書き換えられたもの、キャラクターのグラフィックを変えたもの、他機種のゲームを完全移植したものなど、さまざまなソフトが存在する。

コピーカートリッジは、作っている業者が違うため、同じタイトルのソフトでもカセットの外ガワやラベルが異なる。また作られた時期や場所によって材質（プラスチック）の色・質が異なる。中国の都市部や台湾では硬めのプラスチックがメインなのに対して、地方では粗悪な材質のものが多い。外ガワも、韓国ではピンク、ベトナムではエメラルドグリーン、タイは黒に日本語をあしらったものが多いなど、国によって異なる。例えば『スーパーマリオ』のコピーカートリッジ一つとっても、無数にバリエーションがあるのだ。

高度化するパチモノ技術

そしてパチモノ業界の技術の発展については、目を見張るものがある。その最たるものが「in1」だ。世に登場し始めたころは「3in1」「4in1」といったものが多かった。また同じタイトルがダブって入っていたりもした。それがすぐにダブりなしの「64in1」にまで増え、さらに「100in1」になり、今では「500in1でダブり無し」などというものもある。カセットの重さも初期のin1の10分の1程度にまで軽量化されている。さらに最近では、収録タイトル数を増やすだけではつまらないということで、「ミニファミコンに入っているソフトを入れた30in1」など、特色あふれるものが次々と出ている。

また、ディスクシステムが手に入らないため、オリジナルの機器を開発してしまったり、ROMカートリッジで動かせるようにしたりと「その技術はパチモノで使うべきではない」というものもある。

さらにオリジナルソフトも豊富である。パチモノ業界で『ストリートファイター』をファミコンに移植するのが流行った時期がある。完全移植を目指したものもあれば、なぜかマリオが出てくるものもある。

他機種からの移植ソフトとしては、『バイオハザード』や『FF7』、さらには『たまごっち』もファミコンで出ている。このパチモノの自由度の高さが、好きな人にとってはたまらないのである。

『スーパーマリオ』のコピーカートリッジは多種多様。

初期のin1ソフト。「35 in 1」とあるが、ダブりが多い。

ミニファミコンを再現したin1ソフト。

ディスクシステムのゲームをカートリッジで遊ぶための周辺機器「Paradise」。

Paradise用のカセット。「Paradise」がないと動かない。

ファミリーコンピュータ

ソマリ

ソニックをマリオにしたもの。
　当時は任天堂とセガのキャラが公式にコラボするなんてことはあり得なかったので、非公式なコラボにパチモノマニアのテンションが上がりました。

名探偵コナン

中身は中国語版『赤川次郎の幽霊列車』のタイトル書き換え版。

ファイナルファンタジー VII

南晶科技が発売したもので、PSの『FF7』を忠実に移植している。PS版の攻略サイトに沿って進めることができるほどの忠実度。一方で、敵キャラやBGMは他の『FF』シリーズからパクってきており、キャラクターの顔はスーパーロボット大戦のものを使っていたりと、いかにもパチモノらしいところも。またゲームスピードが遅く、1回の戦闘に時間がかかるのが難点。最近ではこれを元にゲームスピードを改善したものが現れ、マニアの間では「いいほうの『FF7』」と呼ばれている。

マリオファイター

『ストリートファイター』は『ストⅡ』ブームの後に把握しきれないくらいの種類が出た。忠実に移植しているものから、マリオが参戦している劣化版『スマッシュブラザーズ』のようなもの、60人のキャラが選べると謳っているものの色違いでごまかしているだけで4人しかいないものなど。もともとは単品ソフトだったが、今ではin1に収録されることが多くなった。

バイオハザード

外星科技が発売したもので、すべて中国語。かなりPSの『バイオハザード』っぽい作り。主人公の歩き方等もそれっぽい。

AV 美少女戦士

らんまや春麗、セーラームーンなどの美少女キャラが対戦する格闘ゲーム。勝てばファミコンとは思えないエロいグラフィックが見られる。出始めた頃からその入手困難度により、パチモノ界のプレミアソフトとして語り継がれているソフト。『ソマリ』と同じチームが作ったもののようで、香港、台湾、マカオあたりから東南アジアにかけて流通していた。

029

Column／NHK学園について

教育系のレアソフト

　FC用『NHK学園』は、コレクターの間では昔から知られていますが、現物を見かけることがほとんどない、ファミコンの中でも屈指の超レアソフトです。

　NHK学園という通信教育で、小学生向けの算数教材として使用されていました。講座名は「スペーススクール」といいます。開発は東京書籍とコナミ。『4年生の算数 上・下』『5年生の算数 上・下』『6年生の算数 上・下』の合計6本があります。

　カセットは特殊な形状をしており、FC本体に挿すためには、間に「Q太」というアダプタを挟む必要があります。なお「Q太」専用ソフトは、NHK学園の6本と、非売品ソフトの『危険物のやさしい物理と化学』が存在します。

　パッケージは非常に大きく、光栄のサウンドウェアシリーズよりも少し大きいぐらいです。発売当時の定価は1本18,000円（「Q太」は別売りで10,000円）、上下2本セットだと34,000円。一般のゲームショップでは販売されず、NHK学園の口座を申し込む際に、一緒に購入することができました。

　中身は、カセットとテキストです。ゲームの操作説明書は入っていません。操作説明は、Q太の説明書にのみ記載されているのです。また、ゲーム中で「テキストの〜ページが云々」といったことを言われますので、テキストを持っていないと、ゲームを進めることはほぼ不可能です。

※協力：まんだらけ中野店 ギャラクシー

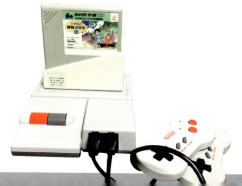

物語&学習内容は？

内容は学習用ソフトですが、上巻・下巻、それぞれにちゃんとデモがあり、意外と凝っています。音質もよく、さすがコナミが制作しただけあって、そつなく作られている感じです。

おおまかなストーリーとして、「人類が宇宙に進出→異星人と遭遇→戦争→和睦→子供たちのIパワーを増大させて理想未来を築こう→スペーススクール開校→それを邪魔する暗黒連合が出現」みたいな流れで、勉強することになったようです。Iパワーというのはゲーム中の用語で、子供たちが勉強することで身に付くパワーのようです。

余談ですが、暗黒連合のボスは「ダジャレ」と言うそうです。このネーミングだけは、どうにかならなかったんでしょうか？　コナミさん。

学習内容としては、算数の問題が章立てられていて、最終章が「総合診断」になっています。例えば4年生の上だと「1. 大きな数」「2. 角の大きさ」「3. がい数」「4. わり算」……という感じです。そして最後にある「総合診断」では、「あなたは手先を使う仕事が得意ですか？」「自分に自信がありますか？」など、どちらかというと、プレイヤーのパーソナリティーについて聞かれます。この講座は、カセットに学習結果を入力してNHK学園に送付し、学習結果に応じて指導してもらう仕組みになっていたようなので、総合診断も学習指導に使うのかもしれません。

「Q太」を介する仕様のため、カセットは特殊形状になっている。

ファミコン本体に接続するためのアダプタ「Q太」。

『NHK学園』と同じく「Q太」を利用する『危険物のやさしい物理と化学』。
※協力：まんだらけ中野店 ギャラクシー

各ソフトに、問題などが記載されたテキストが付属。ゲーム本編は、このテキストを見ながら算数の問題を解いていくというものになっている。

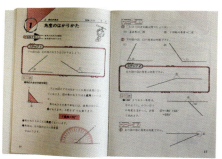

Column／ファミコン非売品ソフトの現状

　ファミコン非売品ソフトの特徴は、人気があり、たくさんのコレクターが集めていることでしょう。ファミコンのカセットという媒体に思いれを持つ人は非常に多く、だからこそ極めようとすると難しいジャンルでもあります。

贋作のリスク

　人気があるだけに値段も高騰しやすく、そうなると、贋作を作って儲けようなどと良からぬことを考える輩も出てきます。残念ながら贋作が多いのも、ファミコン非売品の特徴です。そのため、希少なソフトであっても、出所がハッキリしていないと高値が付きづらい状況にあります。ファミコンに限らず、非売品ソフトのプレミア価格は砂上の楼閣です。アッサリ値崩れする可能性があることは念頭に置いておいた方がよいかと思います。

まだまだ未知数

　先駆者の長年の研究により、かなり発掘されているジャンルではありますが、それでもまだ未知の非売品ソフトがある可能性を秘めています。ファミコン全盛当時は、開発者等の身内向けに作られた一品モノのソフトが非常に多く、その全容を掴むのは不可能でしょう。開発途中のサンプルカセットなども、いまだに新しく発掘されています。他にも、ファミコン最後の秘境と呼ばれる、通信カートリッジやスタディボックスといった特殊なソフト群も存在するのです。

　『ベストプレープロ野球』の『データROM』は、当時通信販売のみだったため、非常に希少で、発売されたとされる『89-Apr』と『90-Jun』の2タイトルのうち、前者は都市伝説級のレアソフトで、後者に至っては目撃事例が全く無く、実在しないのではないかとされていました。しかし最近、後者がネットオークションに出品され、コレクター達を熱狂させました。このソフトは正確には非売品ソフトではないのですが、未知のファミコンソフトがまだまだ発見されることがあるという好事例だと思います。

新作も登場している！

　ファミコンは大勢の人たちに愛されており、現在でも色々なものが世に出されています。

　CS放送の番組「TVゲーム ジェネレーション ～8bitの魂～」内で、『Mr.SPLASH!』というファミコンソフトが制作されました。このソフトのカセットはいくつかのイベントなどで配布されたようです。また、2007年4月28日に代官山のgg（ジジ）という雑貨屋で開催されたゲーム大会の優勝者にプレゼントされています（筆者も参加しましたが敗訴…）。

　その後発売されたDVD「ゲーム・ジェネレーションX～8ビットの魂」には、特典としてパッケージと説明書が付いており、一部の店舗では先着特典としてROMと基盤が配布されました（なお、メッセサンオーで配られたものには、タイトル画面にメッセサンオーの表記があるようです）。これらを組み

『ベストプレープロ野球データROM 89-Apr』。最近になって、『90-Jun』が発見された。

『Mr.SPLASH!』のROMと基盤。自分で組み立てる仕様だった。

組み立てた『Mr.SPLASH!』と、その説明書および箱。

ゲーム大会の賞品として作られた『Mr.SPLASH! ピョコタンUNKOバージョン』。

ファミリーコンピュータ

立てると、本物さながらのファミコンソフトになります。そして2008年3月9日の阿佐ヶ谷ロフトAでのイベント内で開催されたゲーム大会では、優勝賞品として、ゲーム内の岩がウンコに置き換えられた『ピョコタン UNKO バージョン』が配布されました。ラベルは、漫画家・ピョコタン先生による専用バージョンです。

その他、2009年3月2日にバンタン電脳ゲーム学院主催のワークショップで、ファミコンカセットを作るイベントがあり、そこでも『Mr.SPLASH!』が作成されました。参加者各々が自分なりの改造を加えるなどのレッスンがあったようで、世界に1本だけのカセットと言えるかもしれませんね。

また漫画家のRIKI先生は、ファミコン好きが高じて、ついには自分でファミコンソフトを制作されています（ファミコン互換機対応ソフトとして、コロンバスサークルから発売）。『8BIT MUSIC POWER』『8BIT MUSIC POWER FINAL』はゲーム機で音楽を聴くためのカセット。『キラキラスターナイトDX』はアクションゲームです。これらはファミコンカセットという媒体ながら、当時よりも格段に進歩した映像や技術などのクオリティの高さに驚かされました。

ちなみに『キラキラスターナイトDX』にはゴールドカートリッジが存在します。制作者であるRIKI先生がお持ちのもの、2016年8月15日に秋葉原UDXで開催されたイベント「キラキラスターナイトDX the GOLD」のゲーム大会での優勝者に渡されたもの、とらのあなのキャンペーンで1名にプレゼントされたものの、計3本が存在するようです。筆者、なんとこのプレゼントに当選しました。

ちなみに当選したソフトは、2016年12月17日開催のトークイベント「激白! 8BIT AFTER HOURS」で授与していただきました。このとき、イベント会場の抽選で1名に『キラキラスターナイトDX』のシルバーカートリッジもプレゼントされています。

またイベント集団「ゲームインパクト」では、「ファミコンロッキー」とのコラボレーションで、あさいもとゆき先生のイラストとサインが入ったカセットなどを制作しています。すべて直筆の手書きで、かつてのファミコン少年の心をときめかせる逸品です。これらはゲームインパクト公式サイト（https://www.gameimpact.info/）などで販売されています。

海外でも、非公認ながらまだまだNESの新作が発売されています。全部追いかけているとキリがないので、筆者はあまり多く持ってはいないのですが……。

線引きが困難

ファミコンには、非公認の18禁ソフトや怪しげな海賊版ソフトなどもあります。海賊版はアジア圏のものが有名ですが、それ以外にも多数あります。パチモノならではの、愛すべきチープさとでもいうような味があり、これらも本気で極めようとするととんでもなく困難です。他にも、ファミコンを愛するが故に改造に踏み込んでしまったハックロム、自作ソフトなどなど、混沌とした世界観を醸し出しています。

その一方、前述のように金儲け目当てのコピー品も多数出ています。これらのうち、愛されるものと許されないものとの線引きは、「ファミコンへの愛を感じるか」という自分の主観

筆者が幸運にも抽選で引き当てた『キラキラスターナイトDX ゴールドカートリッジ』。

『キラキラスターナイトDX シルバーカートリッジ』は、作者・RIKI氏の手元にも無いそうだ。

NESの新作ソフト、『nomolos』『BATTLE KID』。

で判断するしかないと思います。曖昧な世界ですし、人によって判断が異なると思いますが、それでよいのではないかと思います。近年では、パチモノファミコンのイベント「麟閣的家庭用電子遊戯活動！」が開催され、ものすごくディープなファミコン愛が醸し出されており大好評でした。多くの人たちが参加し愛された好例だと思います（同イベントは28ページからご寄稿いただいた、麟閣氏が主催によるものです）。

以上から分かるように、ただ単純にプレミアソフト一覧リストを眺めていればいいというジャンルではありません。真贋、正邪、色々な人々の色々な価値観が錯綜し、これらの線引きは非常に難しいです。もしかしたら、線引きすら無いのかもしれません。

未知の非売品ソフト等は、市場では評価しづらく、真贋判定も難しいのでリスクも高いです。ただ、贋作が多いからといって、未知のソフト全てを偽物と決めつけるのは、プレミア価格を鵜呑みにするのと同じぐらいに、つまらないことです。自分の主観を大事にしつつ、あらゆる可能性を念頭において柔軟なスタンスで集めるのがよいと思います。

錯綜する情報の中から、自分だけの真実を見つけた時の喜びこそが、非売品収集の醍醐味だと思います。

Column ／ NES について

ACTION52 ／ CHEETAHMEN II

　Nintendo Entertainment System（以下、NES）は、海外で発売されたファミコンです。筆者は収集の対象外としているため、あまり詳しくないのですが、個人的に気に入っているもののみ簡単にご紹介します。

　初代「CHEETAHMEN」は『ACTION52』というカセットに収録された 52 個のゲームの 1 つでした。

　その続編にあたる『CHEETAHMEN II』は、単品カセットで制作されています（写真右）。なお『CHEETAHMEN II』は、開発元・Active Enterprises の倒産後に発掘され、それから販売されたようです。

　また、『ACTION52』については、GENESIS 版も存在します（写真中）。

MEGA MAN 9 Press kit

　海外版『ロックマン 9』のパッケージアートです。さも新作の NES ソフトであるかのような外見で、中には特典 CD-ROM などが収められています。

　『ロックマン 9』が配信開始された際に、米国でのみ数量限定で発売されました。中味はゲームソフトではないのですが、初代『MEGA MAN』のパッケージを彷彿とさせる絵柄が、良い味を出しています。

レア

Column ／ ゾンビハンター茶色版

　ファミコンの『ゾンビハンター』は、通常は黒色のカセットです。しかし一部のコレクターたちの間では茶色のカセットが存在するという噂が、昔からありました。ネットオークション等に出回ったこともありましたが、正規品なのか、それともただの偽物なのか、誰も確証を持てませんでした。

　もともと『ゾンビハンター』は雑誌「ハイスコア」とエスキモー（森永乳業）のコラボ企画で制作され、アイスキャンデーの抽選プレゼントキャンペーンで配布されたものです。これが大反響となり、キャンペーン終了前に、通常販売も行われるようになったようです。そうした経緯から、「茶色はプレゼント品」という説もありました。ただしアイスの景品は 8,000 名にプレゼントされており、その割には茶色カセットは珍しく、さまざまな憶測を呼んでいたのです。

　そんな状況の中、ブログ「ファミコンのネタ!!」の「ファミコン界 30 年来の謎!? 茶色い『ゾンビハンター』の正体について」において、その謎が解明されました。当時、アイスの景品の当選者のうち、発送の催促が来たものについては、開発者自らがカセットを自作して送付していたとのことで、それが茶色だったそうです。当時の子供たちのファミコンの盛り上がりは本当にすごいもので、筆者自身も新作ソフトのニュースが出るたびに、心の底からワクワクしながら、発売を心待ちにしていました。『ゾンビハンター』も、当時の子供たちが心の底から待ちわびていたことは、想像に難くありません。そんな子供たちの切なる声に少しでも応えようと、開発者の方ががんばって下さったんだな……と、ほんわかした気持ちになりました。

※協力：オロチ（ファミコンのネタ!!）
http://famicoroti.blog81.fc2.com/blog-entry-2531.html

Column／銀箱（任天堂再販）について　寄稿：ベラボー

皆さんは銀箱をご存知だろうか？　任天堂の初期ソフトは定価3,800円で小さな箱の形（通称、小箱）で発売。後に箱が違う再販物が出まわるようになり、この時定価も4,500円に変更された。再販物は初期よりも少し大き目の銀色の箱だったため、コレクターの間では通称「銀箱」と呼ばれている。

銀箱がコレクターに人気な理由は、「初期任天堂という人気タイトル」「見た目でわかる違い」「マニア心をくすぐる細かいバージョン違い」と様々あると思う。以下、銀箱の基本的な分類を紹介していこう。

一番オーソドックスなパターンは、銀箱が3種類あるもの。小箱で発売されたタイトルが銀箱になって再販されたもの。それに加え、1985年以降に再販されたバーコードがあるもの、それから1988年以降のFF（ファミコンファミリー）マークがあるもの。これら3種類の銀箱が存在する。これに該当しているのは、以下の6タイトル。『ドンキーコング』『ドンキーコングJr』『マリオブラザーズ』『ベースボール』『マージャン』『ゴルフ』。

FFマークつきの銀箱で再販されず、銀箱が2種類のもの

もある。該当するのは『ポパイ』『ピンボール』『五目並べ』『テニス』。

さらに、銀箱が1種類しかないものもある。小箱発売後、銀箱として1回しか再販されなかったものものは、全てバーコードやFFマークは無い。これに該当しているのは、『ドンキーコングJR.の算数遊び』『ポパイの英語遊び』『ドンキーコング3』『ダックハント』『ホーガンズアレイ』『ワイルドガンマン』。『ダックハント』『ホーガンズアレイ』以外あまり出回ってお

銀箱バージョン違い一覧表

タイトル	箱の形状	箱・説明書の表記	ラベルシール
ドンキーコング	小箱		文字
	銀箱		絵
	銀箱	バーコードあり	絵
	銀箱	バーコード・FFあり	絵
ドンキーコングJr	小箱		文字
	銀箱		絵
	銀箱	バーコードあり	絵
	銀箱	バーコード・FFあり	絵
ドンキーコング3	小箱		文字
	銀箱		文字
ポパイ	小箱		文字
	銀箱		絵
ドンキーコングJrの算数遊び	小箱		文字
	銀箱		文字
ポパイの英語遊び	小箱		文字
	銀箱		文字
マリオブラザーズ	小箱		文字
	銀箱		絵
	銀箱	バーコードあり	絵
	銀箱	バーコード・FFあり	絵
ベースボール	小箱		文字
	銀箱		絵
	銀箱	バーコードあり	絵
	銀箱	バーコード・FFあり	絵
ピンボール	小箱		文字（※）
	銀箱		文字（※）
麻雀	小箱		文字
	銀箱		絵
	銀箱	バーコードあり	絵

タイトル	箱の形状	箱・説明書の表記	ラベルシール
ゴルフ	銀箱	バーコード・FFあり	絵
	小箱		文字
	銀箱		絵
	銀箱	バーコードあり	絵
	銀箱	バーコード・FFあり	絵
テニス	小箱		文字
	銀箱		絵
	銀箱	バーコードあり	絵
五目ならべ	小箱		文字
	銀箱		絵
	銀箱	バーコードあり	絵
ダックハント	小箱		絵
	銀箱		絵
ホーガンズアレイ	小箱		絵
	銀箱		絵
ワイルドガンマン	小箱		絵
	銀箱		絵
デビルワールド	銀箱		文字
	銀箱		絵
アイスクライマー	銀箱		絵
	銀箱	バーコードあり	絵
	銀箱	バーコード・FFあり	絵
バルーンファイト	銀箱		絵
	銀箱	バーコードあり	絵
	銀箱	バーコード・FFあり	絵
4人打ち麻雀	銀箱		絵
	銀箱	バーコードあり	絵
	銀箱	バーコード・FFあり	絵
サッカー	銀箱		絵
	銀箱	バーコードあり	絵

※ Audiovisualの表記があるものと無いものがある

らずどれも高額で取引される傾向にある。
　この他にも『アイスクライマー』や『バルーンファイト』、『サッカー』や『四人打ち麻雀』など、元々銀箱で発売されたタイトルにもバーコードやFFマークの有無があり、全てを揃えるのは相当困難。

　またさらにマニアックな話をすると、カセットの手触りがツルツルのものとザラザラのものがあったり、カセットのラベルシールの細かいトリミング違い(絵柄のズレ)があったり、カセットの裏面の製造番号の違いがあったりと、現在でもコアなコレクター達によって研究が続けられているのだ。

Column／その他のバージョン違い

　銀箱以外にも、ファミコンのバージョン違いソフトは、たくさんあります。『ロードランナー』の箱の大きさが違うものや、アイレム初期4本（ジッピーレース、10ヤードファイト、スペランカー、スクーン）のカセットのLEDの有り無しなどが有名です。ここでは少し毛色の変わったものをご紹介します。

希少なバーコード違い

　『エキサイトバイク』と『レッキングクルー』については、つい最近まで、コレクター達の間でも、箱の裏面にバーコードが無いものだと思われていました。しかしコアなコレクターの手により、箱の裏面にバーコードがあるバージョンが発掘され、それ以来希少なバージョン違いソフトとして認識されています。

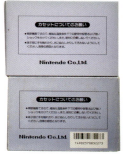

飛龍の拳

　『飛龍の拳』と言えばカルチャーブレーンの看板シリーズですが、ファミコンで最初に発売された際の社名は「日本GAME」でした。そのため、箱・説明書・カセットなどにも、日本GAMEと書かれています。一方で、その社名が、カルチャーブレーンになっているバージョンも存在します。おそらく、社名が変わった後に再販されたのだろうと推測しております。型番もキッチリ別のものになっており、筆者自身、このバージョン違いを発見したときは、非常に嬉しかったです。

ベストプレープロ野球SP

　『ベストプレープロ野球スペシャル』のバージョン違いです。うっかりすると見落としてしまいそうですが、よく見ると型番が異なっています。

　バージョン違いは他にも色々あり、熱心なコレクター達によりいまだに新しい発見がなされています。

　例えば、FCディスク用ソフト『奇々怪界』の付属のソフビ人形は、緑のものが多いですが、他の色のものも存在します。コナミが出したFC用ソフトには、キャラカードが同封されており、カードのバリエーションが非常に多いです。他にも、カセットの色違い、説明書の版数が違うもの、箱の裏メーカーの住所違いなど、数えればキリがないほどです(例えばロックマンにも、箱の裏の住所の表記違いがあります)。

スーパーファミコン編

　1990年にファミコンの後継機として登場したスーパーファミコンも、愛好家が多いゲーム機です。筆者を含めて、ROMカートリッジという媒体に特別な思い入れがある人が多く、ファミコンやメガドライブなどとともに、コレクターからの人気が高いのです。
　その中でも特に、スーファミの非売品ソフトは、パッケージの見た目もファミコンほどチープではなく、プレステほどアッサリしてもおらず、ほどよい大きさで存在感があり、コレクター的に非常に惹かれる雰囲気があると思います。また紙箱の大きさが、ファミコンと違って統一されており、並べたときに見栄えがするところもポイントが高いです。

箱・説明書付き

スーファミのパッケージは、昔懐かしい紙箱ながらファミコンよりも大きく見栄えがします。また、サイズが統一されている点もコレクター的に嬉しい要素です。

▎From TV animation スラムダンク 集英社 LIMITED

●バンダイ

SFC『From TV animation スラムダンク 四強激突!!』の発売前、『週刊少年ジャンプ』の1994年3・4号で、スラムダンクの「ドリームチーム大募集」という企画がありました。読者がスラムダンク最強メンバーを選ぶというもので、実際にそのメンバーが収録された特別ソフトが作られ、200名にプレゼントされたのです。

またソフト発売後、『週刊少年ジャンプ』1994年16・17号で再度プレゼント企画が行われ、真エンディングに表示されるメッセージを書いて申し込むと、抽選で100名に当たりました。つまり、合計で300名にプレゼントされたと思われます。

箱の絵がスラムダンクオールスター集合な感じで、非売品ソフトの中でも、見た目的に最も豪華なソフトのひとつになっています。内容も、ライバル校混合編成のオールスターなドリームチームで遊べます。ちなみにゲームボーイ版も存在しており、これまたコレクター泣かせのシロモノ。詳しくは後段のゲームボーイのほうでご紹介します。

▎リーサルエンフォーサーズ ファミ通版

●コナミ

SFC『リーサルエンフォーサーズ』の登場キャラが、ファミ通編集部の8名に置き換わったもの。『ファミコン通信』の1994年2月25日号に、懸賞で10名にプレゼントするという記事が掲載されています。

ちなみに、この前年にメガCD版の『リーサルエンフォーサーズ ファミ通版』が作られ、10名にプレゼントされました。メガCD版も同様のコンセプトで、ゲーム中の登場キャラが編集部員に置き換えられています。

とはいえ、スーファミ版を作るにあたりわざわざ撮影しなおしたようで、編集者の衣装などが変わっています。またトレーニングモードの的も、スーファミ版では『ファミコン通信』で連載していた漫画家3名によるキャラクター絵に置き換わっています。これだけ凝った作りなのに少数しか配布されなかったのは、少々もったいないですね。

また、メガCD版のほうは激レアながら、筆者は過去に数回見たことがあります。一方でスーファミ版は、この1本しか見たことがありません。なぜこうも遭遇頻度に差があるのか、不思議なところです。

スーパーファミコン

ヨッシーのクッキー クルッポンオーブンで クッキー

● BPS

　National製「クルッポンオーブン」という電子レンジの発売時に、中部地区で開催されたキャンペーンで500本プレゼントされたというのが通説ですが、裏付けは取れていません。

　マリオ関連アイテムとしてコレクターに人気が出てもおかしくない一品で、実際、昔はかなり高価でした。ただし一時期大量に出回ったため、現在は落ち着いた値付けになっています。

　説明書が市販版と非売品版の2冊付いているのが特徴です。

スーパーフォーメーション サッカー95 デッラセリエ A UCC ザクアバージョン

● ヒューマン

　UCCのスポーツ飲料「XAQUA（ザクア）」のキャンペーンで3,000名にプレゼントされました。箱、説明書、カセットともに非売品の特別仕様になっており、至るところにザクアの宣伝が記載されています。また、起動すると冒頭のデモで「ザクア！ザクア！ザクア！」と連呼してくれます。潔いぐらいの宣伝仕様で、やはりキャンペーンモノの非売品ソフトは、こうでなくてはと思います。

　筆者の経験上、カセットだけならば比較的よく転がっていると思います。ただやはり、箱と説明書付きで揃えたい一品でしょう。ちなみに、サイン入りサッカーボールも一緒にプレゼントされたようです。※協力：まんだらけ コンプレックス

039

UFO仮面 ヤキソバン ケトラーの黒い陰謀 景品版
● 日清食品

「日清焼きそばUFO」の懸賞でプレゼントされました。懸賞ハガキによれば、テントとスーファミソフトが各3,000名にプレゼントされたようです。

当時はマイケル富岡が演じるヤキソバンのCMが話題になっており、このソフトもかなりの人気でした。一時期けっこうなプレミア価格が付いていたのですが、大好評を受けて普通に市販されることになり、値段も落ち着いたようです。

なお景品版は、箱やカセットのヤキソバンが実写で、市販版はイラスト。また景品版はゲーム起動時に当選を祝うデモが流れるなど、内容にも微妙な違いがあります。

もと子ちゃんのワンダーキッチン
● 味の素

味の素のキャンペーンで、2,000名×6回、計12,000名にプレゼントされたようです。非売品ソフトの中では、比較的よく見かけるほうだと思います。

パチンコ鉄人 七番勝負
● ダイコク電機

ダイコク電機制作の、パチンコのシミュレーションゲームです。10,000本限定生産で、全国のパチンコで景品として提供されたようです。景品交換所に出たのは、平成7年7月7日。まさしくスリーセブンとでもいうべき日でした。

スーパーファミコン

天外魔境 ZERO ジャンプの章
●ハドソン

「週刊少年ジャンプ」の1995年48号の懸賞で、500名にプレゼントされました。市販版の箱にシールを貼っただけのように見えますが、型番が1文字だけ異なります。市販版が「SHVC-P-AZRJ」なのに対し、非売品版は下4桁が「AZQJ」。説明書の型番も同様です。ゲーム内容にもいくつかの違いがあり、集英社の建物があったり、ジャンプが買えたりします。

天外魔境 ZERO 発売記念プレミアム時計
●ハドソン

市販版『天外魔境 ZERO』同梱のアンケートハガキを送ると、抽選で3,000名に「天外魔境 ZERO 発売記念プレミアム時計」が当たりました。カセットそのままの形状をしています。ちなみに、箱も存在するようです。

スーパー桃太郎電鉄DX JR西日本PRESENTS
●ハドソン

JR西日本のキャンペーンで配布されたもののようです。『天外魔境 ZERO ジャンプの章』と同様に、市販版と非売品版では型番が異なります。市販版が「SHVC-P-AH6J」なのに対し、非売品版は「SHVC-P-ANWJ」です。ちなみに説明書も同様で、型番が変更されています。同じように見えて、実はれっきとした専用パッケージなのです。

なお、ゲーム中のスタート時点が大阪になっているなどの変更が加えられています。

マジカルドロップ2
文化放送スペシャルバージョン

●データイースト

　文化放送のラジオ番組「吉田照美のやる気MANMAN!」と「斉藤一美のとんかつワイド」のリスナーキャンペーンでプレゼントされたものです。また雑誌の懸賞などもあったようです。
　ゲーム中のブラックピエロの代わりにJOQRチームが加わっており、タイトル画面右下に「JOQR 文化放送バージョン」と表示。箱の裏側には「文化放送スペシャルバージョン」のシールが貼られています。これも市販版の箱にシールを貼っただけのように見えますが、やはり型番が1文字異なります。市販版が「SHVC-P-AOKJ」で、非売品版は下4桁は「AOQJ」です。

クロノ・トリガー 週刊少年ジャンプ・Vジャンプ2誌合同企画スペシャルパッケージ

●スクウェア

　箱だけが非売品で、中身は市販版と同じです。箱の側面にある「Vジャンプ」の文字から「Vジャンプ版」とも呼ばれていますが、正確には、「Vジャンプ」（1995年2月号）と「週刊少年ジャンプ」（1995年3月11日号）の2誌合同企画で2,000名にプレゼントされたものです。箱の側面にも、よく見ると「Vジャンプ ジャンプ」と記載されています。
　また「週刊少年ジャンプ」には、「このプレゼントだけのスペシャルパッケージ」との記載がありました。

Get in the hole
（レーザーバーディー付属ソフト）

●リコー

　リコーから発売された室内用ゴルフシミュレーター「レーザーバーディー」に付属する専用ソフトです。たまにレーザーバーディーの新品が安く眠っていたりするのですが、かなり大きいので、保管に困ります……。なお、レーザーバーディーの定価は46,800円でした。

スーパーファミコン

ゴールド カートリッジ

ファミコンのゴールドカートリッジと同様、贋作が氾濫した結果、現在は高値が付きにくい状況にあります。レトロゲーム専門店も警戒を強めており、買取については「要相談」扱いになっていることが多いです。とはいえ、それでも魅力あふれるアイテムであることには変わりません。

超レア

ヤムヤム ゴールドカートリッジ
● バンダイ

雑誌「ゲームオン」でオープニングの歌詞コンテストが行われ、採用者1名にプレゼントされたそうです。現在このソフトを所有する「まんだらけ」のWebサイトによると、「ヤムヤム特製4枚組テレカ」と「こしたてつひろ先生サイン色紙」とともに贈られた模様。

過去にネットオークションで数本出ていましたが、それらが単なる贋作なのか、それとも別物なのかは（例えば、「選に漏れた人にもプレゼントした」、「ついでに数本作ったものが流出した」などの可能性は否定できません）不明です。※協力：まんだらけ中野店 ギャラクシー

くにおくんのドッジボールだよ全員集合！とーなめんとすぺしゃる
● テクノスジャパン

ゲーム大会の賞品として配布され、カセットをはめ込む盾も存在します。昔からよく知られている非売品ソフトなのですが、このカセットと盾が何本配布されたのか、今ひとつ裏が取れていません。よく50本という説を見かけますが、筆者個人的には、これは疑わしいと感じています。この本数の割には比較的よく見かけるので、もっと多かったと考えるのが自然ではないかと思います。
※協力：スーパーポテト秋葉原店

スーパーテトリス2＋ボンブリス ゴールドカートリッジ
● BPS

内容は市販版と同様。配布方法や本数については諸説あります。通しナンバーが記載されているものと、されていないものがあり、複数の配布経路があったと推測されます。

スーパーボンバーマン2　体験版 スーパーボンバーマン5 コロコロコミック非売品
● ハドソン

どちらもハドソンのキャラバンイベントや「コロコロコミック」の懸賞などでプレゼントされたようです。箱と説明書は、元から存在しないようです。

カセット単体

箱や説明書が存在せず、カセットのみで配布された非売品ソフトです。業務用ソフトなど、ストイックな魅力を持つソフトが多くなっていますね。

UNDAKE30 鮫亀大作戦マリオバージョン
鮫亀 キャラデータ集 - 天外魔境

●ハドソン

　SFC『鮫亀』発売時に「ハイスコアコンテスト全国大会」が開催され、得点上位者200名にNINTENDO64本体がプレゼントされています。大会で入賞できなかった人へのダブルチャンスとして、この2本がそれぞれ1,000名にプレゼントされました。

　『マリオバージョン』では、『鮫亀』のキャラクターがマリオ関連のキャラクターに置き換えられています。比較的よく見かけるので、他でも配布された可能性は否定できません。

　『キャラデータ集 - 天外魔境』は、市販版『鮫亀』のカセット上部に差し込んで使うデータ集で、『天外魔境』のキャラクターが入っています。なお『鮫亀』のデータ集は、後にも先にもこれ1作しかありません。またこちらは、形状が小さく、失くしやすいのがコレクター的に悩みのタネです。

GAME PROCESSOR

●―

　ゲーム専門学校で教材として用いられたRAMカセットだったようです。手持ちのものはデータが書き込まれていないのか、一切プレイできません。詳細は不明ですが完全にコレクターアイテムでしょう。それでも、カセットという形状をしているだけで十分嬉しいものなのです。

スーパーファミコン コントローラ テストカセット

●任天堂

　ファミコンの『HVC検査カセット』と同じくコントローラの動作チェックに使われていたようで、ゲーム性は皆無です。また、こちらもバージョン違いがあるようです。※協力：ベラボー

スーパーファミコン

通信用ソフト

ファミコンに引き続き、スーファミでも電話回線を使った通信サービスが行われていました。ソフトとしては、やはりファミコンと同様に『JRA-PAT』が有名です。

▎JRA-PAT
● RSS

スーファミの通信サービスでは、NTTデータの「通信モデム NDM24」という周辺機器が使用されていました。

代表的なソフトである『JRA-PAT』は、自宅から競馬の投票を行うためのもので、通常版とワイド対応版があります。また、裸の状態で見かけることが多いソフトですが、いちおう箱と説明書も存在します。

中古店などでよく見かけるソフトですが、実は型番違いが多数あります。通常版が6種類、ワイド対応版が3種類で、合計なんと9種類。全部集めるのは、それなりに骨が折れます。

▎在宅投票システム SPAT4
● NTTデータ

南関東の4競馬場（浦和、船橋、大井、川崎）の投票に使われたソフトで、これも通常版とワイド版が存在します。『JRA-PAT』に比べるとかなりマイナーです。

▎X-BAND
● カタパルト・エンタテインメント

スーファミのゲームでネットワーク対戦するための周辺機器です。通常版の他、モニター版（写真下）もあります。

サンプルカセット

店頭デモ用ソフトや開発途中のソフトなどについて解説します。こうしたサンプルカセットの類は多種多様で、奥深い世界になっています。

　スクウェアの店頭デモ用ソフト『クロノ・トリガー』『ロマンシング サ・ガ』『聖剣伝説3』の3本は、ただの体験版としてカテゴライズされてもおかしくないのですが、いずれも専用の箱、説明書、カセットがあり、見た目がコレクター好みなので、中古市場では非売品ソフトとして扱われているようです。

　またその他にも、店頭デモ用や開発途中ソフトなどは多々あります。まだ知られていない未知のソフトも、日本のそこかしこに埋もれていると思います。

　なおSFCのサンプルカセットは、共通の見た目をしているものをよく見かけます。2枚目の写真は見た目だけでは何のタイトルか分かりませんが『デモンズブレイゾン』のサンプルカセットです。ゲームを起動すると、タイトル画面に「SAMPLE」の文字が表示されています。このように外見からは何のタイトルなのかわからない状態だったり、手書きでタイトルが書いてあったり（手製のラベルが貼ってあることもあります）することが多いです。

　基板がむき出しの状態のものも多々あります。4枚目の写真は、『ワイルドガンズ』のサンプルなどです。『ワイルドガンズ』のものも、ゲームを起動するとタイトル画面に「SAMPLE」の文字が表示されています。

　市販版と内容が異なるものも多く、例えば『ファイナルファンタジーIV イージータイプ』のサンプルだと、使用キャラのアビリティが、通常の『FF4』と同じままだったりするようです。※協力:市長 queen

　またサンプルとは少し異なりますが、イベント用に特別に作られたソフトもあります。1996年の東京おもちゃショーで開催された、『す～ぱ～なぞぷよ通』の大会用ソフトは、独自のデモ画面が入っており、凝った作りになっています。こういった特別なソフトや、サンプルソフト、開発用のものなどはたくさんあり、底の知れない世界となっています。

スクウェアの店頭デモ用ソフト。

『デモンズブレイゾン』のサンプルカセットは、外見ではタイトルが分からない。

SFCのサンプルカセット。ラベルなどに共通点があるものも多い。

『ワイルドガンズ』のものなど、基板がむき出しのサンプルも。

『FF4 イージータイプ』のサンプルカセット。内容も市販版と差異がある。

番外編

ドラゴンボールZ 超悟空伝 突撃編
特製メタル ROM カセット

　「Vジャンプ」1995年6月の別冊付録「DBソフト1000万本突破記念！孫悟空ゲームミュージアム」の中に、SFC『ドラゴンボールZ 超悟空伝 突撃編』の、特製メタルROMカセットを1名にプレゼントする旨の記事が掲載されています。

　本当にプレゼントされたのか、当選された方はまだお持ちなのか、非常に気になるところです。お持ちの方が、もしこの本をご覧になっていたら、ぜひご連絡くださいませ。

スーパーファミコン

Column／西部企画のゲーム　寄稿:pusai

世の中には非売品ではなく非公認ゲームというものも存在する。要はメーカーのライセンスも受けずに勝手に作って売ってしまったゲームのことだ。例えば任天堂の場合、絶対に自社のゲームハードでは性描写のあるアダルトゲームは出せないだろう。しかし非公認ゲームはライセンスなんか受けてないのだから、構わずアダルトだろうが、グロだろうが出せてしまう。グレーゾーンとも言える存在だ。

さてそんな非公認ゲームの世界に、90年代のSFC全盛期に一世を風靡した「西部企画」というメーカーがあった。SFCで非公認のアダルトゲームをいくつも販売していたのだ。西部企画の代表作『SM調教師 瞳』は知っている人も多いんじゃないだろうか。※協力:駿河屋秋葉原店 ゲーム館

意外にヒットしていた

メーカー非公認ということは、正規流通に乗せることはできない。つまり、どこで売るかが問題になってくる。だが、西部企画には意外なことに大手流通会社が噛んでおり、秋葉原のショップなどで普通に売っていた。さらに某ゲーム雑誌（三才ブックスの「ゲームラボ」なのだが……）にも広告を載せており、通信販売でも入手できたのだ。実際に開発に関わった関係者の話によると、SFCでアダルトゲームという物珍しさもあって、シリーズ累計で20万本も売れたという。なお、一番儲かったのは開発でも販売元でもなく流通会社とのこと。儲かると分かってなければ、非公認ゲームなんか扱わないだろう。

ジーコサッカーを改造

西部企画のゲームは非公認だけに、自社でカートリッジを作っているわけではなかった。最近になって再登場しているFCやSFCのソフトは技術の進歩もあって、いちから製造しているが、西部企画のゲームは他のゲームのカートリッジの基板を改造したものだったのだ。特によく使われていたのが『ジーコサッカー』。当時は投げ売りされており、安価で大量に手に入ったことから、改造のベースとなったわけだ。ちなみに西部企画のラベルは簡素なシールなので、元がジーコサッカーだと丸わかりだった。ちなみに20万本も売れていただけに改造の労力は凄まじく、開発者曰く「開発より改造の方が疲れた」とのこと。

▌ SM調教師 瞳 VOL.1

記念すべきシリーズ第一作。借金のカタに売られた主人公の「瞳」がSMクラブの経営者になっていくというもの。開発者曰く「SFCの開発環境を整えるための実験作」。それが故にかなり粗削りで、特にゲーム性もない普通のテキストアドベンチャーだった。開発環境が手探りだったためにBGMやSEも無い。また箱やタイトル画面は実写のエロ写真を使っているのだが、中身はアニメ絵だ。SFCでエロをやってのけたという点には歴史的意義があったと言えるかもしれない。

▌ SM調教師 瞳 VOL.2

ここから開発元が、イージェイになる。前作とは打って変わって、しっかりとした調教シミュレーションゲームで、遊べる作品となっている。

物語は借金のカタに売られた「瞳」を調教するというもの。調教によってパラメーターが変化し、十種類のエンディングが見られる。ちなみに内容はドギツく、残虐描写満載。しかしスーパードクターによって調教可能と、次の日から何事もなかったように調教が可能と、かなりシュールだ。後に難易度を下げ、バグを修正した『REMIX』も発売されている。

047

SM 調教師 瞳 VOL.3

開発元はイージェイ。なんと原画にはアブノーマル漫画家の町野変丸氏を起用。また『瞳』というタイトルではあるが、瞳は基本的に登場しない。調教のパラメーターも女の子のものではなく調教する側の主人公のもの。

町野変丸氏が関わっているだけに、調教描写はかなりアブノーマルな内容になっている。

SM 調教師 瞳 番外編

『Vol.2』の番外編というか後日談。調教シミュレーションではなく、普通のアドベンチャーゲームとなっている。

内容は瞳を調教するというものではなく、瞳がクラスメイトの「まき」に虐められていくというもの。描写は全体的にマイルドで、万人受けを狙った作品となっている。

SM 調教師 瞳 番外編2 まきのラブラブパニック

ここからは西部企画の作品ではなく、別の会社。パッケージには「JAP!」というクレジットが記載されている。過激な描写が復活し、シリーズ屈指の残虐作品となった。

アダプター型の特殊カートリッジになっており、正規のSFCソフトを挿してプロテクトを回避して動作させる仕様。同じくJAP!の『りばーすきっず』も同様の作りだ。

りばーすきっず

こちらもイージェイが開発したSFC非公認タイトル。パッケージのクレジットは「開発:JAP! 販売:(株)Atmark」で、西部企画ではない。コミックマーケットでも販売された模様。

フルアニメ、フルボイスと、高い技術力を感じさせるが、ゲームとしては脱衣オセロ。オセロとしては問題があり、CPUが石の上に石を置くなどイカサマを連発。しかしかなり弱くほぼ負けることはないレベル。

新作SFCソフト

ファミコン同様に、スーファミも多くの人たちに愛されており、非公式ではありますが、いまだに新作カセットを作る動きがあります。海外では未発売ソフト『Nightmare Busters』が出たり、日本国内でも新作（正確には携帯用ゲームの移植のようですが）の『魔界狩人』が発売されました。また、サテラビューで配信されていた『改造町人シュビビンマン零』が、互換機用のカセットとして発売され、コレクターの心をときめかせました。（じろのすけ）

番外編
Danger!（デンジャー）

SFC非公認ソフトの中でも特にマイナーで、たぶんほとんどの方は「なにそれ？」という感じだと思います。

内容は、ただのエロ画像集。しかも実写で、ゲーム性は皆無です。パッケージが実写なので、アダルトビデオと見た目が似ています。正直、これを持っていても、なんとなく人目を忍んで隠してしまいます。自室で飾ったり、ブログに掲載して自慢したりとか、そういうことをするのには、少しためらいが生じます。これも、このソフトが超マイナーな由縁だと思います。ちなみに、モザイクを外す裏技があります。（じろのすけ）

ゲームボーイ 編

　1989年に登場したゲームボーイは、カートリッジ交換式の携帯ゲーム機という市場を作り上げたハードです。
　筆者の経験上、携帯ゲーム機のソフトは、据え置き型に比べるとプレミア価格が付きにくい傾向があります。事実、GB／GBCの非売品ソフトも、一部を除けば、売ってさえいれば安価で入手できるものが多いです。ただしこの「売ってさえいれば」がクセモノ。プレミアが薄いだけに市場に出回りにくく、見つかりにくいレアが多いのです。またGB／GBCはソフトの発売本数が多いにもかかわらず本格的に調べている人が少なく、再販タイトルなども含めた完全なGB／GBCソフトのリストは見たことがありません。もはや奥が深すぎて、踏み込むには勇気がいる領域なのです。

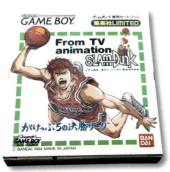

ゲームボーイ

GB／GBC は互換性があり、多くのソフトはどちらでも遊べます。まずはカラー発売前の、パッケージ表記が「GAME BOY」となっているソフトから紹介します。

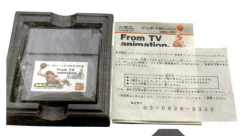

From TV animation スラムダンク がけっぷちの決勝リーグ 集英社 LIMITED

● バンダイ

「スラムダンク」が「週刊少年ジャンプ」で連載していた頃、湘北、綾南、海南大付属、翔陽の4校のキャッチフレーズ募集キャンペーンがありました（この4校だという時点で、おおよその連載時期は察しがつくかと思います）。キャッチフレーズが採用された4名の方には、当選者自身がチームメンバーに入った「超限定バージョン」の非売品ソフトが、不採用となった方々には抽選で100名に「集英社 LIMITED」の非売品ソフトがプレゼントされました（キャッチフレーズの募集は週刊少年ジャンプ1994年30号、結果発表は同年39号でした）。

前者については筆者も持っておらず、キャッチフレーズに採用された方々にしたら一生モノの記念品だと思いますので、入手は困難だろうと思っております。後者も配布数が少なく、かつ「スラムダンク」自体の人気が高いことから、極めて手に入り辛い状態です。

箱とカセットが非売品仕様な上に、ゲームの中にキャッチフレーズが収録されていてとても懐かしい気持ちにさせてくれるなど、ありとあらゆる要素が魅力的な一品です。そのため、全非売品ソフトの中でも、かなり入手困難な部類に入ります。

ゲームボーイウォーズ TURBO ファミ通版

● ハドソン

「ファミ通」の懸賞でプレゼントされました。オリジナルマップが入っていますが面数が少なく、どちらかというと体験版的なシロモノだと思います。ちなみに箱は元から無く、説明書は存在します。

ゲームボーイ コントローラ テストカセット

● 任天堂

ゲームボーイ本体のコントローラの動作をテストするためのカセットです。ファミコン用、スーファミ用ときて、GB用も存在します。

ご覧の通り、縦に長いとても特殊な形状をしています。コレクター的には、収納に困る一品でもあります。

内祝 兄弟神技のパズルゲーム
●イマジニア

ゲームショップ「わんぱくこぞう」のキャンペーンで6,000名にプレゼントされたものです。中古市場ではよく見かけるソフトで、つい最近も、秋葉原で大量に新古品が出ていました。これがプレゼント品の残りなのかどうかは不明です。

GB Kiss MINI GAMES
●ハドソン

制作・配布の経緯などは不明です。「GB KISS」は、ソフト同士の通信やミニゲーム配信などに使われていた機能のようです。なのでこのソフトも、その関係なのではなかろうかと推測しております……。

ポケットモンスター青（通信販売版）
●任天堂

初代『ポケモン』は、『赤』『緑』2種が発売されました。筆者は当時、「なんでカメックスだけないの？」などと思っていたものです。同じ想いを抱く人が多かったのかどうかは分かりませんが、小学館「コロコロコミック」他の誌上限定の通信販売で、『ポケットモンスター青』が発売されました。雑誌付属の用紙で申し込むのですが、当時は雑誌がすぐに売り切れてしまい、必死に探し回った記憶があります。当初はけっこうなプレミアが付きましたが、大人気だったが故に大量に出回り、今では中古ショップなどで安価に販売されています。

ちなみに、その後一般販売もされました。ほぼ同様の外観ですが、通信販売版は箱裏のバーコードがありません（写真左）。

ゲームボーイ カラー

ここでは、パッケージなどの表記が「GAME BOY COLOR」となっているソフトを扱います。ゲームボーイ時代後半に登場した非売品ソフトたちです。

ボンバーマン MAX Ain バージョン
●ハドソン

　同名ソフトの特殊バージョンです。ぺんてるのキャンペーンで、2,000名にプレゼントされました。専用の箱、説明書、カセットが用意されているのが嬉しいところです。まったくの余談ですが、筆者の個人的な経験上、このソフトを買うと、箱の中に当選通知書が入っていることが多かったです。文具という性質上、当選者に律儀な人が多かったのかもしれません。関係ないかもしれませんが……。

グランデュエル 体験版
●ボトムアップ

　同ソフト発売時に販促キャンペーンが行われ、かなりの数が配布されたようです（少なくとも3,000本）。体験版カートリッジを実際に作って配るという気合の入った販促で、メーカーはさぞかし大変だっただろうと思います。

ボンバーマン MAX 完全データバージョン
●ハドソン

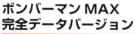

　前出の『Ainバージョン』と混同されやすいのですが、こちらは極めてレアです。NINTENDO64『爆ボンバーマン2』の早解きキャンペーンの景品として、150名にプレゼントされました（『爆ボンバーマン2』に同梱されているキャンペーンチラシの応募券をハガキに貼り、グッドエンディングに表示される12文字を記載して応募するというもの）。また、他の経路でもいくつかプレゼントされた模様。

　当時のチラシによると、GB本体＋Tシャツ＋このソフト＋プロジェクトメンバー証、の4点セットで贈られたようです。

ゲームボーイ

ロボットポンコッツ コミックボンボンスペシャルバージョン

●ハドソン

「コミックボンボン」誌上で限定販売された、GBC『ロボットポンコッツ』の特別バージョンです。けっこうたくさん出回っているようで、比較的よく見かけます。

ロボットポンコッツ 体験版

●ハドソン

体験版も「コミックボンボン」誌上の抽選でプレゼントされたものです。こちらは格段にレアで、「コミックボンボン」1998年8月号の抽選で500名にプレゼントされました。ちなみに、体験版は何故かGB用です。

カードキャプターさくら ウィンクバージョン

●エム・ティー・オー

裏付けは取れていないのですが、秋葉原の一部店舗で、通常版にまぎれて少数販売されたという説があります。通常版とは箱の絵柄が異なり、さくらちゃんがウィンクしています。ただそれだけですが、こういう微妙な違いもコレクター的には嬉しかったりします。

なお、同様のものがGBAソフトでも作られています。

GBのサンプルカセット

GBにもあります、サンプルカセット。コントローラテストカセットのような形状のものから、普通のGBソフト型のものまで、色々あるのです。

053

Column／ジャガーミシン用ソフト

ヌ・エル専用ソフト

　ミシンメーカーとして有名なジャガーから「ゲームボーイ接続型新コンピュータミシン ヌ・エル」というミシンが発売されました。これはGB本体（カラー、ポケット、ライト）を使って操作するコンピュータミシンで、その専用ソフトが『らくらくミシン』です。この専用ソフトはヌ・エル本体に付属したほか、単品でも販売されました。

　ソフトをセットしたGB本体で縫い方などを指定し、GB本体をミシンにセットする……という使い方をするものだったようです。ちなみにヌ・エルには、GBポケット本体などがセットになった、「ヌ・エル デラックス」もあったようです。

 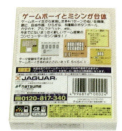

ヌオット専用ソフト

　またその後、「ヌオット」というミシンが発売されました。こちらは、別売りの刺しゅうユニットを装着することで、刺しゅうが可能。その刺しゅうユニット専用ソフトとして『らくらくミシン 文字集』『らくらくミシン カット集』が出ています。また追加の刺しゅう専用ソフト『マリオファミリー』も販売されました。

　ちなみにヌオットは、GBC推奨だったようです。『らくらくミシン』の箱には「すべてのGAME BOY共通」という記載があり、残り3本には「COLOR専用」と記載されているのは、このためでしょう。

　ちなみに『マリオファミリー』は、マリオという人気キャラクターが使われており、なおかつレアなため、けっこうなプレミアが付いているようです。

054

ゲームボーイ
アドバンス編

　2001年に登場した携帯ゲーム機です。スーファミを超えるほどの性能を持ち、ファミコン、スーファミなどからの移植・リメイク作品が多いのも特徴のひとつでしょう。ファミコン移植のファミコンミニシリーズにも、非売品が存在します。
　またGBAソフトは、レトロゲームとしては発売から日が浅いためか、全体的にまだそれほどプレミアがついていません。比較的安価なタイトルが多い上、名作も多いので、これからゲームソフトを集めようという方にはおすすめの機種だと思っております。見た目も、紙箱で大きさが統一されており、なおかつ小さくて省スペースなので、コレクションにはうってつけです。たぶん。

ファミコンミニ

コレクター心をくすぐるデザインの『ファミコンミニ』シリーズにも、非売品ソフトが3本存在します。いずれも「クラブニンテンドー」で抽選に応募できました。

ファミコンミニ スーパーマリオブラザーズ

●任天堂

『ファミコンミニ』シリーズの発売よりも前、ファミコン生誕20周年キャンペーンの第2弾として「ホットマリオキャンペーン」が開催されました（キャンペーン期間：2003年11月7日～2004年1月15日）。指定されたGBA／GCソフトから2本を購入して、同梱のシリアルナンバーをクラブニンテンドーに登録すると抽選に応募できるというものでした。

このキャンペーンで、3,000名にファミコン本体柄のGBASPがプレゼントされ、これにGBA版『スーパーマリオブラザーズ』が同梱されていたのです。GBA『スーパーマリオブラザーズ』は、その後『ファミコンミニ』シリーズでも普通に市販されましたが、同梱版のほうは、箱やカートリッジなどに「非売品」と記載されています。

ファミコンミニ 機動戦士Zガンダム ホットスクランブル

●バンダイ

GC『機動戦士ガンダム 戦士達の軌跡』発売時にキャンペーンが開催され、同作のシリアルをクラブニンテンドーに登録した人から抽選で2,000名にプレゼントされました。

ファミコンミニ 第2次スーパーロボット大戦

●バンプレスト

GC『スーパーロボット大戦GC』発売時にキャンペーンが開催され、同作のシリアルをクラブニンテンドーに登録した人から抽選で2,000名にプレゼントされました。

ゲームボーイアドバンス

雑誌企画など

誌上限定販売や懸賞プレゼントなど、雑誌とのコラボで配布されたものです。こうした雑誌関連のソフトは非常に多くなっています。

メダロット弐 CORE カブトバージョン ボンボン販売版
●ナツメ

GBC『メダロット2』のGBAリメイクで、「ボンボン」誌上で先行販売されてから一般販売されるという珍しい流れをたどりました。この先行販売は、「コミックボンボン」2002年10月号と11月号で「2ヶ月限りのビッグチャンス」として行われました（誌面の申込用紙を切り取り、現金4,800円を添えて応募するかたちで、1回につき2本まで申し込めました）。記事には、先着500名の名前がエンドロールに載るとの記載があります。その後、2002年12月号で「ワンモアチャンス」として、再度販売されました。

通常版との違いは、前述のエンディングロール、説明書にマンガ版作者・ほるまりん氏のサインがあるなどです。説明書がないとプレイしない限り先行販売品版かどうか判別できないところが、コレクター泣かせ。ゲームはプレイするものですから、正しい姿なのですが……。

SDガンダムフォース 講談社連合企画特別版
●バンダイ

詳細は不明ですが、当選通知書には、講談社連合企画で500名にプレゼントされた旨の記載があります。

講談社は、一時期よく複数誌の連合企画で、ガンダムとコラボした非売品ゲームソフトを配布していました。本品も、その中のひとつだと推測できます。

ファイアーエムブレム 封印の剣～月ジャンオリジナルマップバージョン
●任天堂

「月刊ジャンプ」2002年8月号の懸賞で、50名にプレゼントされました。「月刊ジャンプ」で連載されていた「ファイアーエムブレム 覇者の剣」の第2話の場面を再現したオリジナルマップが収録されています。ただしこのマップ、本編をクリアしないと出てきません。

筆者は以前このソフトを所持していましたが、箱、説明書、ソフト、全て市販のものと同一でした。つまり、クリアしないと、非売品版なのかどうか分からない仕様です。まさにFEガチャとでもいうべきシロモノで、コレクター的には悪夢のような入手難易度を誇る一品です。

ファイアーエムブレム 封印の剣～Vジャンオリジナルマップバージョン
●任天堂

こちらはさらに配布本数が少なく、「Vジャンプ」2002年7月号の懸賞で10名にプレゼントされました。VとJの形をした特別マップが収録されています。筆者も実物は見たことがない、幻のソフトです。

ファイアーエムブレム 烈火の剣～月刊ジャンプバージョン
●任天堂

「月刊ジャンプ」2003年7月号の懸賞で、10名にプレゼントされました。これはマップではなく特別データが入っています。ゲーム中アイテム「ドラゴンアクス」「傷薬60」「シルバーカード」が入っており、かつサウンドモードに特別BGMが1曲収録されています。こちらも実物は見たことがありません。

057

体験版

体験版として配布されたソフトです。GBAのカートリッジは製造コストがかかるためか、後のCD・DVDディスク時代に比べると数は少なめになっています。

ヒカルの碁 体験版

●コナミ

「Vジャンプ」2001年10月号の懸賞で、555名にプレゼントされました。専用の箱と説明書があり、体験版と銘打たれてはいますが、れっきとした非売品ソフトという印象です。

遊戯王デュエルモンスターズ 5 体験版

●コナミ

「Vジャンプ」2001年6月号の懸賞で、400名にプレゼントされました。こちらも専用の箱と説明書があり、市場でも非売品ソフトとして扱われています。

リズム天国 店頭体験版

●任天堂

配布の経緯などは全く不明なのですが、おそらく店頭デモ用だろうと推測します。

058

その他

企業コラボのキャンペーンや限定販売品など、ここまでのカテゴリに入らなかったソフトをまとめて紹介していきます。非売品の制作経緯は多種多様なのです。

妖怪道サクリコーン キャンペーン特別版
● フウキ

秋山食品が出していた「サクリコーン」というお菓子のキャンペーンで配布されたと推測されますが、情報が少なく謎が多いソフトです。ゲームスタートすると、「うしおに」という妖怪が入っています。

カードキャプターさくら さくらカード編 ウィンクバージョン
● エム・ティー・オー

GBのページで触れたように、GBAの『さくらカード編』にもウィンクバージョンが存在します。筆者の個人的な経験上、GBよりもこちらのGBAのほうが、見つけにくいような気がします。

アオ・ゾーラと仲間たち 夢の冒険（銀行店頭販売版）
● エム・ティー・オー

このソフトは一般のゲームショップのほか、あおぞら銀行の店頭でも売られていました。そして銀行の店頭で売られていたものは、一般販売版とは箱の絵柄が異なるのです（写真下）。
前述のウィンクバージョンと同様、箱の絵柄は違うもののバーコードや型番などは同じです。コレクターは、これらの情報を手掛かりに目当てのソフトを検索することが多いので、ネット上だと探しにくい一品です。逆に、足を使って実店舗を回ると、アッサリ手に入ったりします。

ボクらの太陽 株主優待版

● コナミ

コナミの子会社である、コナミコンピュータエンタテインメントジャパン（当時）の株主優待として配布されました。

こういう株主優待モノのゲームソフトは、もらった人が必ずしもゲーム好きとは限らないため、配布された直後、新品がネットオークションに大量に出回る傾向があります。このソフトも、配布直後はヤフオクに大量の新品が出ていました。

とはいえ、株主優待にパッケージソフトを配るような会社はもう出てこないと思われます……。

ミニモニ。
ミカのハピモニ chatty

● 小学館ミュージック＆デジタルエンタテイメント

小学館ホームパルの会員限定で販売された、教育用ソフトです。こう書くとレアっぽいように聞こえますが、実際はよく安価で見かけます。これから GBA の非売品・特殊ソフトを集めてみようという方にオススメです。

ジュラシックパーク インスティテュートツアー

● ロケットカンパニー

同名イベントにおいて、会場内限定で販売されたものです。このような販売形態の場合、レアソフトになりがちですが、このソフトは、なぜか大量に出回っています。

パッケージ下部には「Dinosaur Rescue」というシールが貼られており、これをはがすと「ジュラシック・パーク インスティテュート ツアー」の印字が出てきました。なぜこんな修正をしたのだろうかと、首をかしげております。

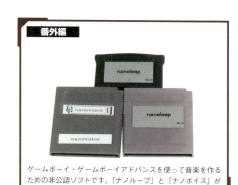

ゲームボーイ・ゲームボーイアドバンスを使って音楽を作るための非公認ソフトです。『ナノループ』と『ナノボイス』があり、バージョンもいくつかあるようです。

ゲームボーイアドバンス

Column／アドバンスムービー

アドバンスムービーとは、GBA本体で専用スマートメディア（アドバンスカード）に収録された動画コンテンツを見るための仕組みです。GBA本体にアドバンスアダプタを差し込み、そこにアドバンスカードをセットして使いました。

ゲームコレクターの中でもほとんどノーマークのジャンルなのですが、集めはじめてみたところなかなか楽しいです。以下簡単にご紹介します。

まだ安く、まだ未開拓

ノーマークのジャンルであるが故に、市場価格はあって無いような感じです。あまり見かけないシロモノではありますが、ありさえすれば安く買えることが多いです。また、まだ誰にも知られていないようなソフトが多く、自分で未知のソフトを新発見する楽しみが味わえます。

『ミュウツーの逆襲 完全版』のアドバンスカードは3種類ある。

バージョン違いが豊富

例えば、アドバンスカード『劇場版ポケットモンスター ミュウツーの逆襲 完全版』は、通常のもの、ワールドホビーフェア限定、劇場限定パックの3種類あります。

後者2つは入手困難です。また劇場限定パックは、中身は市販版と全く同じで、ただビニールに入っているだけの違いしかありません。こんなビニールを当時の小学生が後生大事にしているはずもなく、現存は絶望的なシロモノです。こういう「入手は至難だけど全く無価値」というところに燃えるのが真のコレクターだと思います。たぶん。

抽選で配布された非売品アドバンスカード『ミュウツー vs ミュウ』。同梱の紙には『ミュウ vs. ミュウツー』とありますが、カード本体の記載は『ミュウツー vs ミュウ』となっています。

秘かに非売品がある

アドバンスカード『劇場版ポケットモンスター ミュウツーの逆襲 完全版』が発売された際、購入者を対象にしたプレゼントキャンペーンがあり、応募すると抽選で100名に特製アドバンスカード『ミュウツー vs ミュウ』がプレゼントされました。100名と数が少ない上に、とても薄くて小さいカードなのですでに無くしてしまった人が多いと思います。そんな激レアな非売品ソフトでありながら、誰も知らないのでありさえすれば安く買えてしまったりします。

アドバンスアダプタ同梱版では、「アクビちゃん」が非常にレア。

「キャラクターズ アドバンスカード」シリーズ。こちらも、「アクビちゃん」が非常にレア。

形状が嬉しい

アドバンスアダプタ同梱版は、箱の見た目がGBAと似ています。このため箱を並べると、コレクター的に非常に魅力的な見た目になります。

アドバンスカードも、小さな箱で集めると楽しいです。またアドバンスカードでムービーを収録したものは、ブリスターパックで販売されました。この微妙な見た目が、かえってコレクター的には嬉しかったりします（少なくとも筆者は）。

アドバンスカードの『爆笑問題のバク天！バラバラまんが』は、非常にレアです。

Column／FCボックス・SFCボックス

　ファミコンボックス・スーパーファミコンボックスというのは、業務用のゴツくて大きいFC・SFC本体で、複数本の専用カセットを差して、コインを投入して遊ぶことができるというものです。旅館等に設置されていたようです。

　その専用ソフトは、普通のFC・SFCのカセットとは形状が違います。筆者はあまり所持していないので、手持ちのものだけ掲載します。

　それと、筆者の手元にあるGBソフト数本についても、ここに写真を掲載することにしました。正直、どういう経緯で作成されたソフトなのか全く分かっておらず、ファミコンボックスとは無関係かもしれないのですが、ラベルシールが似ています。

筆者所有のファミコンボックス用ソフト。

制作経緯不明のGBソフト。ラベルシールがファミコンボックス用ソフトに近い。

スーパーファミコンボックス用ソフトの箱2種類（写真左）と、裸カセット（写真右）。

ニンテンドー DS 編

　2004年に登場したニンテンドーDSは、幅広い層に普及しており、たくさんの作品が発売されました。
　DSで遊んでいた子供たちがオジサンなる頃には、筆者（昭和生まれ）世代がファミコンに子供時代の記憶を思い出すのと同様に、DSを見て子供時代を懐かしく思う層が出てくるのではないかと予想しております。
　そんなDSですが、普段はゲームをやらないような一般層にも広く普及したためか、実用系のソフトが大量にリリースされました。非売品ソフトにおいても、実用系のソフトが多数あります。比較的新しいハードながら、バリエーション豊かな非売品ソフトが揃った、面白いジャンルだと思います。

実用・教育

DS は普段ゲームをしない一般層にも広く普及し、実用系のソフトが多数発売されました。そんな事情から、実用系の非売品ソフトも多数存在しているのです。

佐渡市向け防災・地域情報提供システム

● 河本産業

その名の通り、佐渡市の防災・地域情報を地域住民向けに提供するために作られたようです。さらに、県内の観光施設をナビゲーションする機能や、佐渡市内のWi-Fiで天気予報・緊急災害情報を受信する機能などもあるようです。

佐渡市から、地域住民や観光客に対して無償で貸与されたようで、一般販売はありませんでした。余談ですが、開発元・河本産業によるDS『風雲！大籠城』シリーズは、個人的に超名作ソフトだと思っております。

クルトレ eCDP

● 日本マクドナルド

マクドナルドのアルバイト研修用ソフトです。2010年頃、日本マクドナルドがアルバイト研修にDSを導入する旨の新聞記事が出ました。ゲーム機を用いることで、アルバイトスタッフに早く慣れさせるという意図だったようです。

CDPというのは一般的には「Career Development Program」のことで社員のキャリア形成計画を指しますが、マクドナルドのCDPは「Crew Development Program」。店舗クルーの育成プログラムを指すようです。それをゲームでやるので、eCDPなのでしょう。なお筆者は持っていませんが、マグドナルドのロゴ入りDS本体も存在するようです。

あのね♪ DS

● スリー・テン

自閉症、発達障害、会話が困難な方向けに開発された、コミュニケーションツールソフトです。おしゃべり機能があり、タッチペンで文字盤をタッチして話すことができるようです。店頭販売は無く、通販限定でした。

星空ナビ

● アスキーメディアワークス

これも通信販売でのみ販売されていたソフトです。DS本体を星空にかざすと、その方角・時期に見える星空をナビゲートしてくれ、天体観測が楽しめるようになっています。

ニンテンドー DS

クルマで DS

●富士通テン

　富士通テンのカーナビ「イクリプス」の「AVN-ZX02i」「AVN-Z02i」に付属したほか、ソフト単体でも販売されていました。カーナビと連動してドライブ時に楽しめるコンテンツが収録されています。カーナビ販売店および通信販売でのみ売られていましたが、なぜか新品在庫が大量に出回っています。

得点力学習 DS

●ベネッセコーポレーション

　ベネッセは多数の学習ソフトをリリースしており、中でもバリエーションが豊富なのがこのシリーズです。店頭では販売されず、通信販売などで流通していました。

　基本的に中学生向けで、高校受験用もあります。タイトル数が多い上に、教科書の改訂にあわせた改訂版等のバージョン違いがあり、全部集めようとするとなかなか大変です。

チャレンジ5年生 パーフェクト漢字計算マスター DS
チャレンジ6年生 4教科パーフェクトクリア DS

●ベネッセコーポレーション

　こちらもベネッセの学習ソフトで、進研ゼミを受講するともらえたものです。それぞれ同名の講座を受講すると、付録として付いてきたようです。バージョン違いがあるので、それぞれ並べて掲載してみました。

065

懸賞・景品

抽選プレゼントや、景品として交換できたものなど、王道の非売品ソフトです。クラブニンテンドーで配布されたソフトも、ここで紹介します。

絶叫戦士 サケブレイン

●任天堂

クラブニンテンドーのポイント引き換え景品として、2007年に追加された非売品オリジナルゲームです。引き換えに必要なポイントは500ポイントでした。

GAME & WATCH COLLECTION
GAME & WATCH COLLECTION 2

●任天堂

どちらもクラブニンテンドーのポイント引き換え景品。1作目は2006年に、2作目は2008年に追加され、それぞれ500ポイントで引き替えられました。

チンクルの バルーンファイトDS

●任天堂

2006年度のクラブニンテンドーのプラチナ会員特典として、2007年4月に配られました。ちなみに、当該特典は、「Mii刻印プレゼント」とこのソフトのどちらかが選択できました。

前者は、Wiiリモコンの電池カバーに自分のMii画像を刻印してもらえるもので、反射的にDSソフトのほうを選んだ人が多かったようです。そのせいかこのソフトは大量に出回っており、今となってはむしろ、Mii刻印入り電池カバーのほうが希少だと思われます。

大合奏！バンドブラザーズ 追加曲カートリッジ REQUEST SELECTION
大合奏！バンドブラザーズDX（懸賞版）

●任天堂

『追加曲カートリッジ』は『大合奏！バンドブラザーズ』に楽曲を追加するもので、形状はGBAソフトと同様です。

任天堂公式サイトで「バーバラサマ キャンペーン」（2005年7月1日～8月1日）として、「楽曲リクエストを受け付け、上位20曲を追加曲カートリッジで発売する」という企画が行われました。これを受けて通販限定で登場したのが、『追加曲カートリッジ』です。なお同キャンペーンでは、おまけ曲が入れられた『大合奏！バンドブラザーズ』が、抽選で100名にプレゼントされたようです。

また『大合奏！バンドブラザーズDX』では、2009年1月に投稿コンテストが開催され、抽選で100名に特別楽曲入りのソフトがプレゼントされました。このとき最優秀者（計5名）には『特別楽曲入りゴールドパッケージ』が贈られる旨の告知がありました。

066

ニンテンドーDS

ANA オリジナル ご当地検定 DS
● スパイク

　市販された『ご当地検定DS』の特別版です。ANAの「NIPPON 2（ツー）SPRINGキャンペーン」で、ニンテンドーDS Lite本体とセットで、抽選で3000名にプレゼントされました。

　2007年4月1日〜6月30日の間に、ANAの「旅割」を2区間利用、もしくは「NIPPON 2」のマークがある旅行パッケージを利用すると、応募できたようです。

こはるの DS うちごはん SPECIAL EDITION
● コモリンク

　2007年10月発売の『こはるのDS うちごはん』の特別版。同時期に開催された味の素「新ほんだし 発売記念キャンペーン」の景品として、対象商品を買って応募した人から抽選で30,000名にプレゼントされました。

　その後、ほんだしのサイトで、ほんだし活用術を投稿すると5,000名にプレゼントするというキャンペーンも行われたようです。このため、当選通知書も2種類あります。

体験版

イベントなどで配布された体験版ソフト。DSではダウンロードの体験版もスタートし、パッケージの体験版はあまりありません。プレゼントとして注目を集めることもありました。

レベルファイブ プレミアム シルバー
● レベルファイブ

　東京ゲームショウ2007にて、レベルファイブのブースで配布されたものです。内容は、『レイトン教授とロンドンの休日』と『イナズマイレブン体験版』。配布当日はファンが殺到して大混乱になったようです。その反響を踏まえ、後日発売された『レイトン教授と悪魔の箱』に、同内容が収録されました。

レベルファイブ プレミアム ゴールド
● レベルファイブ

　次世代ワールドホビーフェア '08Winter にて配布されたものです。なお当日は、大人はもらえなかったようです。その他でも、ファミ通各誌の読者プレゼントで1,000名に配られた模様。『シルバー』の内容に加え、『レイトン教授と悪魔の箱』の体験版を収録しています。

レベルファイブ プレミアム プラチナ
● レベルファイブ

　東京ゲームショウ2009のレベルファイブのブースで、「レベルファイブプレミアム福袋」が配布されました。中には「レベルファイブ プレミアム ダイアモンド」という新作タイトルのDVDか、このソフトか、どちらかが入っていたようです。

　内容は、『二ノ国』『イナズマイレブン2』『レイトン教授と魔神の笛』の体験版でした。

なぞなぞ&クイズ
一答入魂 Qメイト! 体験版

●コナミ

次世代ワールドホビーフェア '08Summer で配布されたものです。この他、店頭イベントでもプレゼントされたようです。

店頭デモ用体験版ソフト
nintendogs
店頭デモ用体験版ソフト
やわらかあたま塾

●任天堂

DS の店頭デモ用体験版ソフトはあまり出回らないので、入手が困難です。筆者が所持しているのはこの2本ですが、他にも色々あるようです。

ぷよぷよ!! たいけんばん

●セガ

DS『ぷよぷよ!!』の体験版はデータで配信されましたが、パッケージ版も存在しており、内容も少し違うようです。

ぷよぷよ 20 周年を記念して「ぷよぷよ!! アニバーサリーツアー」が全国で開催された際、全国 31 会場のゲーム大会で上位者4名に配られたようです。つまり、31 会場×上位者4名＝ 124 名に、まず配られました。

それから、『ぷよぷよ!!』の「公式 Twitter フォローキャンペーン第2弾」が開催された際、公式アカウントをフォローして応募すると、抽選で 240 名にプレゼントされたようです。

筆者が知っているのはこの2つですが、他のルートでも配布された可能性がありそうです。あくまで感覚的なものですが、中古市場での流通量を見ると、もっと多そうに思われます。

なお「ぷよの日 2012 プレゼントキャンペーン」では、ゲーム機本体（3DS・Wii・PSP）と各機種対応ソフト、そして「ぷよぷよフェスタ 2012」出演声優サイン入りの『ぷよぷよ!!』が 20 名に贈られたようです（DS・3DS・Wii・PSP 各5名）。写真下は、出演声優サイン入りの DS 版『ぷよぷよ!!』です。

ニンテンドー DS

DSvision

『DSvision』は DS 本体でコミック、テキスト、ムービーなどを見るためのソフト。そのコンテンツソフトやスターターキットにも、非売品ソフトが多数あるのです。

DSvision スターターキット トワイライトシンドローム 試写会特別パッケージ

● am3

2008 年 7 月 16 日、映画「トワイライトシンドローム デッドクルーズ」と「同 デッドゴーランド」の完成披露試写会が、映画で使用された大型客船「さるびあ丸」上で開催されました。その上映方法が、なんと『DSvision』を使用するという世界初の試みでした。参加者全員に、DS 本体とこのソフトが配られたようです。数が少ないようで、極めて入手困難です。

DSvision スターターキット 蟹工船

● am3

あらかじめ「蟹工船」が入った『DSvision スターターキット』です。2008 年に開催された新潮文庫のキャンペーンで、100 名にプレゼントされたようです。

DSvision スターターキット Qoo

● am3

2008 年に、日本コカ・コーラ社が『Qoo とあそぼう！』という『DSvision』用コンテンツを 10 万名に無料配信しました。自社キャラクター「Qoo」を使った子供向けの食育コンテンツです。その記念キャンペーンで、Qoo の公式サイトから応募すると抽選で 500 名にプレゼントされました。

069

DSvision スペシャルパック
きかんしゃトーマスとなかまたち

● am3

非売品でも限定販売でもなく、普通に市販されていたソフトなのですが、なぜかほとんど出回っていません。あまりにもレアなので、ここで扱うことにしました。

DSvision 少年サンデー
スペシャルパック
DSvision 少年マガジン
スペシャルパック

● am3

「週刊少年サンデー×週刊少年マガジン50周年記念合同キャンペーン」で、両誌10,000名ずつ計20,000名にプレゼントされました。応募券は両誌の2008年50号から4号連続で付いていたようです。

内容は、マンガの第1話を収録したものでした。

小学生英語 BASIC

● am3

秀英予備校の教育ソフトで、「Vol.1-1、1-2、2-1、2-2」の4本があります。このうち『小学生英語BACIC Vol.1-1』がスターターキットになっており、それ以外は専用コンテンツ（microSDカード）のみの単体パッケージです。

秀英予備校やZ会は、授業の動画配信に『DSvision』を使用しており、その関連のソフトなのだろうと推測します。

小学生英語 ADVANCED

● am3

こちらも『BASIC』と同じく秀英予備校の教育ソフト。「Vol.1、Vol.2」の2本があり、どちらも専用コンテンツのみの単体パッケージです。

070

プレイ
ステーション 編

　1994年のPSの登場は、なんとなく一つの時代の節目のような気がしています。ゲームといえば任天堂（たまにセガなど）という感じだったところに、世界のソニーが参戦。ゲームのイメージが変わり、ソフトのラインナップも多様になりました。
　非売品ゲームソフトの世界も、PSになって一変しました。CD-ROMという媒体自体はその前からありましたが、普及度やユーザーの広さが全然違い、数も種類も断然多くなりました。体験版の大量配布、プロモーション用、大量の抽選プレゼント、ゲームのやりこみ景品、書籍での販売、その他色々な試み。PSの非売品ソフトの特徴は、なんといってもこの多様さにあります。

いわゆる非売品

非売品ソフトとして市場に認知され、専門店のショーケースに並ぶタイプのソフトです。とはいえその定義は曖昧で、レア度と市場価格は必ずしも比例しておりません。

ストリートファイター EX プラスα 樽版

●カプコン

「週刊ファミ通」誌上で開催された「SEXY スコアアタック」の成績上位者に配布されたようです。同誌 1997 年 8 月 8 日号には、「各キャラの上位 10 名」との記載があります。

配布経路がこれだけなのか、他にもあったのかは、把握しきれていません。比較的よく見かけるので、他でも配布されたと考えるほうが自然だろうと推測しています。

アークザラッド モンスターゲーム プレゼント版

●SCE

PS『アークザラッド 2』同封のシールが応募券になっており、ハガキに貼って応募すると抽選で 1,000 名に当たりました。裏面には、「当選した 1000 人のみなさん、本当におめでとう。」と書いてあります。配布本数を調べる必要がない点は、筆者個人的には非常に助かります。

マクロス VF-X2 特別体験版

●バンダイビジュアル

1999 年、東京スナック食品のキャンペーンで、抽選で 1,000 名にプレゼントされました。同社発売のポップコーンを購入して申し込む仕組みだったようです。

また、プレゼント時に下のポストカードが付いてきたと言われています。裏は取れていませんが、ネットオークションなどでもポストカード付きで出品されていることがよくあります。

新世紀エヴァンゲリオン 鋼鉄のガールフレンド ORIGINAL SCREEN SAVER

●ガイナックス

PS『新世紀エヴァンゲリオン 鋼鉄のガールフレンド』のキャンペーンで、抽選で 1,000 名にプレゼントされたものです。同作の帯に応募券があり、これを切り取って同梱のユーザー登録用ハガキに貼って応募する仕組みでした。内容は PS 用スクリーンセーバーです。筆者としては、そんなものを一体誰が使うのか、ものすごく気になっております……。

プレイステーション

にせフロポン君P！
〜ファミ通のっとりバージョン
● アスミック

　PS『宇宙生物フロポン君P！』の帯に応募券があり、応募者から抽選で1,000名にプレゼントされました。プレゼントの詳細も、この帯の裏側に記載するという、なかなか珍しい形式でした。

　この抽選の他、「ファミ通」誌上でもプレゼントされた可能性があります。

ハリー・ポッターと賢者の石
コカコーラオリジナルバージョン
● エレクトロニック・アーツ

　コカ・コーラ社の「コカ・コーラを飲んで　ハリーポッターを見よう！」キャンペーンで、1,000名に当たりました。アタリが出たら映画「ハリー・ポッターと賢者の石」無料鑑賞券がもらえ、ハズレを3枚1口で応募すると、Wチャンス賞としてこのソフトがもらえるという方式です。

　PSなどのCD型ソフトは帯にバーコードを付ける仕様のためか、バーコード不要の非売品ソフトは帯がないものが多いのですが、このソフトには帯があります。

どこでもいっしょ
体験版
カルピスウォーター
バージョン
● SCE

　カルピスウォーターの「トロと私のどこでもグッズプレゼント」キャンペーンで5,000名に贈られました。カルピスウォーター付属のシールがクジになっており、アタリが出たら「トロの光るボトルストラップ」をプレゼント。ハズレ2枚1口で抽選に応募でき、このソフトがもらえるという仕組み。

　体験版ですが、ゲーム中にカルピスウォーターが登場するなどの要素もあり、非売品ソフトとして扱われているようです。ちなみに、通常の体験版も2種類存在しています。

073

RAY・RAY・CD-ROM
●タイトー

　PS『レイストーム』とPS『レイ・トレーサー』を購入して応募するともらえた特典ディスクです。『レイストーム』にキャンペーン応募用のハガキが付いており、『レイ・トレーサー』に応募券が付いていました。応募には、両方のソフトを購入する必要があったわけです。

トワイライトシンドローム ～ THE Memorize ～
●ヒューマン

　PS『トワイライトシンドローム』の特典ディスク。同作に同封されていた「大吉キーワードブック」の応募券を切り取り、500円分の切手とともに送るともらえました。

逢魔が時 プレミアム"FAN"ディスク
●ビクターインタラクティブソフトウエア

　PS『逢魔が時』の『1』と『2』を購入して、応募券2枚で応募するともらえた特典ディスクです。この応募券、小さいのですが帯の中央付近にあるため大きく切り取る必要がありました。ソフト2つの帯を切ることになり、なかなか苦渋の決断を迫られる応募方法だと思います。

キッズステーション スペシャルディスク
●バンダイ

　バンダイのキャンペーンで、抽選で1,000名にプレゼントされました。PS『キッズステーション』シリーズ17タイトルの体験版が収録されています。こういうキャンペーンとしては珍しく応募券が無く、官製ハガキに必要事項を記入するだけでした。

ケロッグオリジナル プレイステーション新作ソフト体験盤 ドキドキ賞
ケロッグオリジナル プレイステーション新作ソフト体験盤 ワクワク賞
●日本ケロッグ

　日本ケロッグの「ワクワクドキドキ人気ゲームキャラ全員集合」キャンペーンでプレゼントされたものです。キャンペーン期間中に対象商品を買うと、カプコン・コナミ・ナムコのキャラクターのカードが入っていました。その中に稀に「当たり」のカードが入っており、これで応募することでソフトがもらえたようです。簡単に入手できそうな印象がありますが、実際はめったに市場に出てきません。※協力：駿河屋

ハイパーオリンピック イン ナガノ ミズノスペシャル
●コナミ

どういう経緯で配られたものなのか不明ですが、名前からしてスポーツ用品メーカー・ミズノのタイアップ関連と推測されます。また、攻略本がセットで付いています。

パチスロアルゼ王国 ビッグ・ボーナス・ディスク
●アルゼ

2002年、スカイパーフェクTV!の「BiGチャンネル」がオフィシャルファンクラブ"BiGチャンネルクラブ"を発足した際のキャンペーンの景品で、入会すると全員もらえたようです。

ロックマン バトル&チェイス スペシャルデータ メモリーカード デューオ
●カプコン

PS『ロックマン バトル&チェイス』クリア時に表示される暗号メッセージをハガキに記入して応募すると、抽選で1,000名にプレゼントされました。デューオで遊ぶためのデータが入っているようです。ちなみに、その後発売されたベスト版では最初からデューオが使える模様です。

プライムゴールEX ローソン版
●ナムコ

PS『Jリーグサッカー プライムゴールEX』の非売品版で、配布経緯はよく分かっていません。ローソンの懸賞でPS本体がプレゼントされ、それに付属していたという説もありますが、裏付けは取れておりません。これも、非売品ソフトにしては珍しく帯があります。

ミリオンクラシック NESCAFE版
●バンダイ

PS『ミリオンクラシック』の非売品版です。ネスレ日本のキャンペーンで、5,000名にプレゼントされました。配布本数が多いためか、よく安価で見かけます。中古店などで少し探せばアッサリ発見できるでしょう。

ウィザードリィVII メイキングCD-ROM
● SCE

PS『ウィザードリィVII ガーディアの宝珠』の早解き賞品。ゲームを進めて「レジェンドの地図」を写真撮影し、付属の応募券とともに送るともらえたようです。応募のハードルが高く、1枚しか配布されなかったとも言われています。

パッケージ裏に説明があり、「モンスターのアニメーションとイベントムービー」が鑑賞できることが記載されています。協力：得物屋24時間

雑誌企画など

各社の少年漫画誌で盛んにコラボが行われ、特別バージョンの体験版などが多数作られました。この時期は、有料の「全員プレゼント」も流行しました。

機動戦士ガンダム 逆襲のシャア 講談社8誌連合企画特別版
機動戦士ガンダム ギレンの野望 ジオンの系譜 講談社連合企画特別版
SDガンダム GGENERATION-F 講談社8誌連合企画特別版
● バンダイ

一時期、講談社の雑誌連合企画で、非売品ゲームソフトがよくプレゼントされていました。この3本もその一部です。非売品の上にガンダムということで、コンテンツ人気も強そうですが、さまざまな種類を出しすぎたせいか、どうもイマイチ希少性が感じられません。そのためか、現在のところ、市場価格もそう高くはなっていません。

賭博黙示録カイジ ポケットステーション体験版「ポケットジャンケン」
● 講談社

ポケットステーションに「ポケットジャンケン」というミニゲームが収録されたものです。ポケステ対応だったPS『賭博黙示録カイジ』の体験版という扱いのようです。具体的な経緯は分かっていませんが、講談社の作品なので、こちらに掲載してみました。

名探偵コナン
３人の名推理体験版
サンデープレミアムディスク

●バンダイ

「週刊少年サンデー」では、掲載作品がゲーム化される際に体験版をプレゼントしていました。この『コナン』は、「週刊少年サンデー」2000年30号の懸賞で2,000名にプレゼントされたものです。

機動警察パトレイバー
ゲームエディション
体験版 サンデー presents

●エモーション

「週刊少年サンデー」2000年48号の懸賞で1,000名にプレゼントされました。同作の体験版はPS『サイレントメビウス 幻影の堕天使』にも付いていますが、内容が異なります。サンデー版は、ゲーム中に犬夜叉の看板などが登場するのです。

犬夜叉 体験版

●バンダイ

PS『犬夜叉』の体験版は、「週刊少年サンデー」2001年45号の懸賞で1,111名にプレゼントされました。ただの体験版ではありますが、パッケージにサンデーのロゴが大きく入っており非売品ソフトっぽく見えます。

遊戯王モンスターカプセル
ブリード＆バトル
週刊少年ジャンプ・月刊Ｖジャンプ
スペシャル体験版

●コナミ

「週刊少年ジャンプ」「月刊Vジャンプ」2誌合同キャンペーンで、モンスターのデザインを応募した人の中から抽選で2,000名にプレゼントされました。この配布本数のわりに、中古市場ではほとんど見かけません。

ちっぽけラルフの大冒険 体験版 へろへろくんバージョン
●ニュー

ゲーム内に「コミックボンボン」で連載されていた「へろへろくん」のキャラクターが登場する特別バージョンの体験版です。このほか、通常の体験版も存在しています（写真下）。

デジモンワールド 体験版 ボンボンプレミアムディスク
●バンダイ

『デジモンワールド』の体験版も、「コミックボンボン」のものと通常のものがあります（写真下）。

コミックボンボン スペシャルムービーディスク
●バンダイ

「コミックボンボン」2000年1月号の読者全員プレゼントサービスとして、500円で購入できました。扱われているゲームは、『SDガンダム GGENERATION』と『SDガンダム GGENERATION-ZERO』です。

激闘！クラッシュギア TURBO コミックボンボン スペシャルディスク
●バンダイ

「コミックボンボン」2002年12月号の読者全員プレゼントサービスで、『スペシャルムービーディスク』と同じく500円でした。

078

プレイステーション

テイルズ オブ デスティニー PREVIEW EDITION ファミ通バージョン
●ナムコ

『テイルズ オブ デスティニー』と『Neo ATLAS』では、通常の体験版のほか、ファミ通版も存在します。これらは「ファミ通」とのタイアップにより、全国の協力ゲームショップの店頭などで配布されたようです。

Neo ATLAS 体験版 ファミ島の謎
●アートディンク

この体験版については、「週刊ファミ通」1998年8月21・28日号で早解きキャンペーンが行われ、隠しキーワードを見つけて応募することで色々な賞品がもらえました。この「Neo ATLAS 特製バンダナ」は、100名にプレゼントされました。

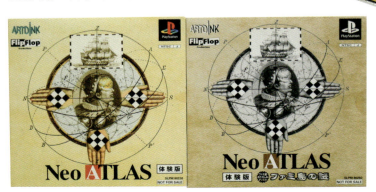

無料配布

店頭などでもらえたものです。CD-ROMになって製造コストが下がり、体験版などが気前よく配られるようになりました。多数あるため、主なもののみ掲載します。

オーバーブラッド2 プレミアムディスク THE "EAST EDGE" FILE

● リバーヒルソフト

予約者に先着1万本配布されたものです。「MISSION MAP 2 plus α」というマップ集の冊子とセットです。

ブレイブサーガ 勇者限定公式データディスク 勇者の証

● タカラ

予約者に配布されたものです。内容は、その名前の通りデータ集で、PSで閲覧できます。

Rap・la・MuuMuu from JumpingFlash!2

● SCE

PS『Jumping Flash！2』エンディング曲「Rap la MuuMuu」などを収録したムービーディスクです。

仮面ライダーアギト＆ 百獣戦隊ガオレンジャー 2大ヒーロースペシャルDISC

● バンダイ

このソフトについては、配布の経緯などの裏が取れていません。無料配布されたもののように思われますが、そうではない可能性もあります。「スペシャルDISC」という名称が、コレクター心をくすぐります。

バトルボンビー

● ハドソン

無料配布物としては珍しい、ポケットステーション専用のオリジナルゲームです。なお、PS『桃太郎電鉄V』の初回版には『バトルボンビー2』が同梱されました。

プレイステーション

ネッツマガジン アルテッツァ
●—

ネッツマガジン VITZ
●—

ネッツ レーシング
● アトラス

トヨタ自動車のネッツ系ディーラーで配られたのだろうと推測しています。けっこうたくさん配られているようで、そこかしこで見かけます。

オーバードライビン スカイラインメモリアル体験版 日産プリンス
● エレクトロニックアーツ・ビクター

こちらは、おそらく日産プリンスの展示場などで配布されたのだろうと推測しています。これもかなりたくさん配られているようで、よく見かけます。

AlaBaMa meet WiLL Vi
●—

これもトヨタ自動車の販促物ですが、前出の自動車系4本に比べると格段にレアです。パッケージに「The 33rd TOKYO MOTOR SHOW」と記載されているので、少なくとも第33回東京モーターショーでは配られたのでしょう。他にも配布経路があったのかどうかは不明です。ちなみに、ドリームキャスト版も存在します。

Sony Music Entertainment PlayStation Tittle Digest
● SME

配布経路など全く分かっていません。店頭デモのような内容で、関係者などに配られたものと考えられます。いかにも企業向けっぽいパッケージが、通なコレクターにはたまらない（ような気がします）。

後夜祭 プロモーション用スペシャルディスク
プリンセスオブダークネス 精霊召喚 体験版スペシャルディスク
みさきアグレッシヴ！ 体験版スペシャルディスク

● 翔泳社

翔泳社は一時期、自社ソフトの体験版を「スペシャルディスク」と銘打って配っており、予約して応募するなどでもらえたようです。

また体験版は、狙ったタイトルのものを入手しようとすると、けっこう入手困難なことが多く、これらも意外と見かけません。欲しいかどうかは別にして。

デコプレ 97〜98
デコプレ2 '99

● データイースト

今は亡きゲームメーカー「データイースト」が、販促用に配っていたと思われるものです。ゲーム好きの間では色々と愛されている同社ですが、これらのソフトも遊び心満載。特に『デコプレ2 '99』は、「販促戦隊デコレンジャー」の主題歌が収録されており、コレクターなら思わず欲しくなる逸品です。

アーマードコア 通信対戦体験版
店頭試遊・イベントONLY

● フロム・ソフトウェア

配布経緯は不明ですが、「店頭試遊・イベントONLY」等と書かれています。体験版ではありますが、一般向けに配布されたわけではないようで、あまり見かけません。

fun!fun! Pingu
ようこそ！南極へ 体験版
住友生命スペシャル

● SME

これも詳細不明ですが、住友生命とのタイアップで配布されたもののようです。左は通常の体験版です。

DEMODEMO
プレイステーション

● SCE

　PSならではの自由な雰囲気が感じられる、店舗向けプロモディスクです。一般向けに配布された『プレプレ プレイステーション』とは違い、レア度も高めになっています。

　ケースにマンガが入りはじめた『4』〜『14』、実写ネタを多用した『15』〜『21』。「完」の文字が印象的な『22』など、遊び心のあるパッケージが異彩を放っています。

投資家向け

コナミが株式や社債の景品として配布したソフトです。ゲームを投資家を集めるためのアピール材料として使うという試みは、この後 PS2 にも引き継がれていきます。

「メタルギアソリッド債」発行記念
メタルギアソリッド プレミアムパッケージ

●コナミ

『メタルギアソリッド プレミアムパッケージ』の非売品版です。コナミが「メタルギアソリッド債」という社債を発行した際に、社債購入者にプレゼントされました。社債にゲームソフトを付けるという試みは、これが初めてだったと思います。

社債は1口100万円で50億円発行され、1口につき1本配布されたようなので、5,000本程度配られた可能性があります。ただし、投資家の方々がこのような大きな紙箱をずっと大事に保管しておくとは考えにくく、現存数はもっとずっと少ないだろうと推測しております。

実況パワフルプロ野球 99 開幕版
KCEO 株式店頭公開記念プレミアムパッケージ

●コナミ

コナミの子会社であるコナミコンピュータエンタテインメント大阪（略称KCEO）が JASDAQ に株式上場した際に、株主に配られたものです。

ゲームソフトそのものは市販の『実況パワフルプロ野球 99 開幕版』と同じですが、マウスパッドなどが同梱された特別パッケージになっています。

封入されている紙に記載されているメッセージによれば、平成9年11月11日の株式店頭公開を記念して、平成11年9月30日時点の株主に配られたもののようです。

教育用

コレクターというのは、なぜか教育用ソフトを好む傾向があるようです。PSには教育用ソフトもたくさんありますので、その中からいくつかご紹介します。

映画で楽しく英語マスターコース（天国に行けないパパ）
● サクセス

産業能率大学の「映画で楽しく英語マスターコース」の教材として、PS『シネマ英会話シリーズ 天国に行けないパパ』が使われていました。
ソフト自体は市販のものと同じですが、教材としてMDが同封されているものと、CD-ROMが同封されているものがあります。ちなみに産業能率大学は「産業能率大学」→「産能大学」→「産業能率大学」と名称変更しており、パッケージの学校名もそれぞれ違います。筆者は3種類しか所持していないのですが、他にも種類があるかもしれません。

まざぁずびぃ ミャオンをさがせ
まざぁずびぃ こぐまちゃんのだいぼうけん
まざぁずびぃ はちゃめちゃPON！
● サンマーク出版

サンマーク出版の幼児向け教育セットに含まれていたようで、『ミャオンをさがせ』『こぐまちゃんのだいぼうけん』『はちゃめちゃPON！』の3種類があります。
店頭では販売されなかったため、コレクターの中でもほとんど知られておりません。極めてレアなのですが、マイナーすぎるため、たまに安く転がっていたりします。

雑誌・書籍

書店でもソフトや体験版が付属した雑誌・書籍が販売されていました。同様の試みはPCエンジンなどでも見られましたが、PSではさらに多数登場したのです。

『ファミ通名作ゲーム文庫』シリーズ
● エンターブレイン

　攻略本とゲームソフトをセットにして、書店で販売されました。『ティアリングサーガ ユトナ英雄戦記』『ディノクライシス』『真・女神転生』の3冊があります。

『カプコン ゲームブックス』シリーズ
● カプコン

　同じく攻略本とゲームソフトのセットです。第1弾は『天地を喰らうⅡ 赤壁の戦い』と『ストライダー飛竜』でした。なおカプコンは、同様の形態で『カプコン レトロゲームコレクション』シリーズも出しています。

ブレスオブファイア3 体験版 CDROM付スペシャルムック
● カプコン

　このムック自体が非売品で、さらにそこに非売品ソフトが付いているというシロモノです。内容はただの体験版ですが、珍しいパターンなので掲載することにしました。

Vジャンプ 創刊9周年記念スペシャルディスク
●──

　「Vジャンプ」2002年8月号の付録なのですが、面白いことにソフト単体で配布されたバージョンも存在します。販促などで、配布されたのだろうと推測しております。

GRV2000
●──

　デザイン集団・GROOVISIONSの作品を集めた書籍に、PS用ソフトが付属しています。ゲームソフトがこういう使われ方をしていると、少し嬉しくなりますね。

086

その他

付属物、限定販売、業務用など分類しにくいものから、特に珍しいものや変わったものを紹介します。PSソフトは、いろいろなところで活用されていたのです。

るろうに剣心 十勇士陰謀編 スペシャルムービーディスク

●―

映画「るろうに剣心 維新志士への鎮魂歌」で発売された、「プレイステーション専用スペシャルムービーディスク付鑑賞券」の付属物です。

ゲームソフトのラベルと前売券が一体化していて、映画を鑑賞するためにはソフトのラベルの一部を切り取る必要がありました。そのため、完品にこだわって入手しようとすると、入手難度が上がります。

名探偵コナン トリックトリック Vol.0 迷宮の十字路スペシャルディスク

●バンダイ

映画「劇場版 名探偵コナン 迷宮の十字路」の前売り券購入者への特典として配布されたようです。相当な数が配られたようで、よく見かけます。内容は、PS『名探偵コナン トリックトリック』の体験版です。

バンタン学校案内 CD-ROM 極意 ゲームクリエーターになろう！

●バンタン

いずれも、ゲーム専門学校のバンタンで配られたものと推測されます。配布経緯の詳細は不明ですが、ほとんど市場に出てくることが無く入手困難です。

デンタルIQ（いっきゅう）さん LEVEL-1
● ジーシー

　歯医者の待合室で流すためのソフトのようです。ゲームを起動し、タイトルを選択して再生すると説明が流れます。もともとはパソコン用に作られ、PSなどに移植されたようです。パソコン用やDVD用では、『デンタルIQさん2』やアップグレード用ソフトもあるようです。PS用も何種類かあるようですが、筆者はこれ以外を見たことがありません。

ドレスアップキング エキゾーストキング
● ワイズギア

　いずれもバイク用のカタログソフトです。『ドレスアップキング』は、パーツを組み合わせてカスタマイズをシミュレートするためのもの。『エキゾーストキング』は、バイクのマフラー音のカタログ。起動して聞きたいものを選ぶと「バルルン！バルルン！」という感じで音が出ます。

　どちらも、ヤマハ発動機の子会社・ワイズギアから出ていたようです。同社はバイク用品も販売しているので、その関連なのでしょう。

L'Arc～en～Ciel 「LIGHT MY FIRE」ピクタラスCD
● ―

　L'Arc～en～Cielの、オフィシャルライヴポスター集「LIGHT MY FIRE」の付属ソフトです。A2サイズのポスターが50枚収録されており、箱もかなり大きいです。

ストレイシープ ポーとメリーの大冒険 （トリプルプレジャー同梱版）

● ロボット

　DVD『ストレイシープ トリプルプレジャー』には、DVDソフト、音楽CD、そしてPS用ソフト『ストレイシープ ポーとメリーの大冒険』が同梱されていました。PS『ストレイシープ ポーとメリーの大冒険』自体は市販されていますが、同梱版はパッケージなどが異なります（右の２点が市販版）。
※協力：ベラボー

アンファン・テリブル 恐るべき子供達

● ──

　女優の三浦綺音さんが、カトリーヌ・カトリーヌという名前で出された音楽CDです。PS用ソフトが付属しています。こういう、思わぬところにゲームソフトが付属しているのを発見すると、嬉しくなります。

ワープロソフト EGWORD

● コーエー

　PS用のワープロソフトで、プレイステーション用ワープロセットに付いてきたようです。Ver2.00という表記がありますが、筆者はVer1.00は見たことがありません。

ナジャヴの大冒険

● ナムコ

　池袋サンシャインシティに、ナムコが運営する「ナンジャタウン（当時は、「ナムコ・ナンジャタウン」）という屋内型のテーマパークがあり、そこでのみ購入できたソフトです。
　当時、ナンジャタウンには「ナジャヴの大冒険」という、ポケットステーションを使った参加型アトラクションがありました。そのデータを持ち帰って家でも遊ぶことができるという、アトラクション連動型とでもいうべきソフトになっています。

JETでGO! JAL機内販売版

● タイトー

　PS『JETでGO!』は、JAL機内でも販売されていたようです。店頭販売された通常版とは、パッケージが異なります。

Column／PSの非公認ソフト

　ファミコンやスーファミと同じく、非公式に制作されたソフトもありました。主にアダルト作品ですが、あまり情報がなく、まさに闇の世界となっています。

　筆者が所持しているのは、『女教師 レイプ願望』『人形OL - 縛られて』『DG』の3本。これらは「FSA」というところが作ったもののようです。このほか、『腐食の瞳』というサウンドノベルも比較的知られています。

　いずれも販売本数は少なかったのか、現在ではほとんど見かけません。

　ちなみに、起動させるためには特殊なPS本体が必要だとかなんとか……。

■番外編
THE KING OF FIGHTERS '98
京眠りバージョン

● SNK

　PS『THE KING OF FIGHTERS '98』のパッケージ（説明書）には、主人公・草薙京のアップが描かれています。なぜか極まれに、この京が目を閉じているバージョンが存在するのです。

　通常のものと型番が同じで、価格表記もあります。どういう経緯で世に出たのかについては諸説あるものの、確実と言える根拠は見つかっていない状態です。ともあれコレクターの間では「京眠りバージョン」として珍重され、それなりのプレミアが付けられています。

090

プレイ ステーション2 編

　レトロゲームと呼んでいいか迷う、微妙なラインに位置するハードだと思います。発売されたのは 2000 年、今から 17 年前なので、レトロといっても差し支えないぐらいの年月は経っているはずですが、筆者個人的には、PS2 発売当時、その映像美に驚愕した記憶が強すぎて、レトロゲームと呼ぶことに抵抗感があります。

　そんな PS2 には「ゲームではないソフト」も数多く存在します。PS でゲーム機の可能性を見せ、PS2 で更なる広がりを目指した意気込みのようなものが感じられます。これらは、よほどのモノ好きでもない限りは誰も欲しがらないので、市場が形成されておりません。そのため希少ではありますが、見つけさえすれば安く買えることが多く、調査のしがいがあります。PS2 は、まだなお開拓の余地が感じられるジャンルです。

抽選など

雑誌企画や企業コラボのキャンペーンなど、いかにも非売品らしいルートで配布されたソフトたち。また、雑誌の全員プレゼントもここで紹介します。

ドラゴンボール Z2V
● バンダイ

「Vジャンプ」の懸賞で、2,000名にプレゼントされました。募集は、2004年3・4・5月号の3回行われました。

余談ですが「ドラゴンボール」の非売品ゲームソフトは、これとファミコンのゴールドカートリッジ×2本の計3本で、意外と少ないです（強いて言えば、プレイディアの『4大ヒーロー大全』にドラゴンボールも含まれていますが……）。

余談ついでにもう一つ、このソフトの当選通知のハガキは、ソフト送付時のものと、ソフトの遅れのお詫びと、2種類あります。

はじめの一歩
プレミアムディスク
● ESP

市販されたPS2『はじめの一歩 VICTORIOUS BOXERS』は、同キャラクターでの対戦ができない仕様でしたが、こちらはVS.モードで同キャラ対戦ができる非売品ソフトです（ただし、その後発売されたBest版『はじめの一歩 VICTORIOUS BOXERS CHAMPIONSHIP VERSION』では、同キャラ対戦ができるようになっていました）。

ESPの懸賞で100名にプレゼントされたり、2001年4月1日に開催されたゲーム大会の参加者（「週刊少年マガジン」2001年15号の記事によると80名募集）に配られたりと、いくつかの方法で配布されたようです。

いずれにせよ、配布された本数はかなり少なく、見た目も地味なこともあって見つかりにくい品です。PS2の非売品ソフトの中ではトップクラスのレアソフトと言えるでしょう。

プレイステーション2

ジオニックフロント 講談社連合企画特別版
● バンダイ

SDガンダム G GENERATION-NEO 講談社連合企画特別版
● バンダイ

機動戦士ガンダム 講談社8誌連合企画特別版
● バンダイ

機動戦士ガンダム めぐりあい宇宙 講談社連合企画特別版
● バンダイ

ギレンの野望 講談社9誌連合企画 特別版
● バンダイ

頭文字D スペシャルステージ（講談社連合企画）
● セガ

　講談社の雑誌合同企画では、PSに引き続きガンダムものを中心に色々とプレゼントされました。

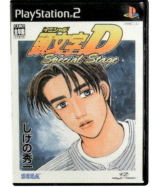

アーマード・コア ラストレイヴン チャンピオン特別版

● フロム・ソフトウェア

「週刊少年チャンピオン」「月刊少年チャンピオン」「チャンピオンRED」の合同企画懸賞で、500名にプレゼントされました。「週刊少年チャンピオン」の場合だと、2005年36＋37号と38号の2枚の応募券が必要だったようです。

なお同作については、『ファミ通特別体験版』（写真右上）や通常の体験版（写真右下）も存在します。

機動戦士ガンダム戦記 角川書店連合企画 特別版

● バンダイ

角川書店の6誌（コンプティーク、ニュータイプ、キャラクターモデル、少年エース、ザ・スニーカー、ガンダムエース）連合企画で、抽選で1,000名にプレゼントされたものです。ソフトの他、SDガンダムのフィギュア7体がセットになっています。

「ガンダムエース」2002年9月号の記事によれば、PS2『機動戦士ガンダム戦記』付属の応募券と、各誌の応募券の両方をハガキに貼って送る方法だったようです。市販版のゲームを購入させてから、特別版をプレゼントするという、他ではあまり見られない方法で、応募方法としてはハードルが高めだったのではないかと思います。そのせいか、前ページの講談社の連合企画ソフトに比べると格段に入手が困難です。

Newtype ガンダムゲームスペシャルディスク

● バンダイ

「ニュータイプ」誌の全員プレゼントで配られたようです。

消しキュンパズル

● アイディアファクトリー

「電撃Girl's Style」の全員プレゼントで配られました。懸賞なども行われたようです。内容は、オトメイトのキャラクターを使ったパズルゲームと、同社作品の体験版など。

プレイステーション2

テレビマガジン
ウルトラマン スペシャルディスク
● バンダイ

「テレビマガジン」2004年7月号の懸賞で、抽選で1,000名にプレゼントされました。

新コンバットチョロQ 体験版
スペシャルディスク Vジャンプ ver
● タカラ

「Vジャンプ」2002年7月号の懸賞で、抽選で300名にプレゼントされました。内容としてはただの体験版ですが、「Vジャンプ ver」と言われると、すごく非売品ソフトっぽく見えます。

ハリーポッターと秘密の部屋
コカコーラオリジナルバージョン
● エレクトロニック・アーツ

コカ・コーラの「コカ・コーラで当てよう！ハリー・ポッターグッズ」キャンペーンで、3,000名にプレゼントされました。当時のチラシには、「コカ・コーラ オリジナルバージョン（カラーピクチャーレーベル）」という記載があります。

投資家向け

投資家向けにゲームソフトをを配るというコナミの試みはPS時代からスタートし、PS2ではさらにバリエーションを増やしています。

メタルギアソリッド2
第2回メタルギアソリッド債発行記念
● コナミ

社債の正式名称は「コナミ第4回無担保社債」で、「第2回 メタルギアソリッド債」というのは愛称です。社債購入の申込期間は2001年9月4日〜25日。社債購入者には、このソフトがもらえる申込書が送付されました。

PS時代の『「メタルギア債」発行記念』では一口につき1本の配布でしたが、この第2回ではひとりにつき1本になっています。社債の発行金額は150億円で、申し込みは100万円単位。全員が最低単位で申し込んだ場合は単純計算で最大15,000本になりますが、実際はその数分の1だろうと推測します。

095

幻想水滸伝3
幻想水滸伝債発行記念

● コナミ

こちらの社債の正式名称は「コナミ第3回無担保社債」で、愛称が「幻想水滸伝債」です。社債購入の申込期間や申込方法等は「第2回 メタルギアソリッド債」と同じ。社債の発行金額も同じでした。

『メタルギア』のほうはパッケージが明らかに市販のものと異なりますが、こちらは市販と同じ絵柄で、隅っこに『幻想水滸伝債』と書いてあるだけ（ただしレーベルは、市販のものと異なります）。

なお、チラシなどには『メタルギアソリッド2』『幻想水滸伝3』ともに「今年12月に発売予定」と記載されています。しかし『幻想水滸伝3』が実際に発売されたのは翌年2002年7月でした。そのため社債購入者向けに、遅延のお詫びのハガキも送付されています。

社債に景品としてゲームソフトを付けるという試みは、コナミの「メタルギアソリッド債」「同 第2回」、そしてこの「幻想水滸伝債」の3本で終わりました。

ときめきメモリアル3
ゲームファンド版

● コナミ

ゲームマニアの間では、いまだにネタにされがちな「ゲームファンド ときめきメモリアル」でプレゼントされたものです。このファンドは新作ソフトの開発・販売事業に投資してもらい、収益を投資家に還元するもの。当時のニュースでは「世界初」とされていました。最近クラウドファンディングでゲーム開発資金を募るケースが増えていることを考えると、発想自体は悪くなかったのではないかと思われます。

投資の申込期間は2000年11月9日～12月20日。募集金額は12億円で、申込は1口10万円。開発予定タイトルは『ときめきメモリアル3』と『女性ユーザー向け新ときめきメモリアル』の2つでした。後者の企画が後の『ときめきメモリアル Girl's Side』になったものと思われます。

ゲームファンドのチラシを見ると、10万円購入すると『ときめきメモリアル3』のエンディングに名前が掲載され（希望者のみ）、20万円購入するとこのソフトがプレゼントされるとあります。目論見書によれば、最終的な発行口数は77,110口。よって配布数は最大でも3,856本。実際にはもっと少ないだろうと推測します。

メタルギアソリッド3
株主優待版

● コナミ

コナミ子会社の、コナミコンピュータエンタテインメントジャパンの株主向けに、株主優待として配られました。

プレイステーション２

実況パワフルプロ野球 11 株主特別プレゼント版
- コナミ

こちらは、コナミコンピュータエンタテインメントスタジオの株主優待として配られました。ちなみに株主優待の非売品ゲームソフトとしては、コナミコンピュータエンタテインメントジャパンが配布した『ボクらの太陽 株主御優待版』(GBA) もあります。

ベータ版

オンラインゲームでは、ネットワーク負荷のテスト、大人数で遊んだときのバグチェックなどのために、発売前にβ版を配布するのが恒例になっていました。

PS2時代はオンライン対応ゲームが増えてきた時期でした。当時はまだ、体験版などの配布はパッケージが主流で、オンラインゲームのβ版もパッケージがあるものが多いのです。「パッケージの体験版」と「オンラインゲームのモニター」が交差していた、今となっては貴重な時期だからこそ生まれた非売品ソフトたちなのです。

いずれも今となっては全く役に立ちませんが、そこも含めて、コレクターにとっては魅力的なシロモノといえるでしょう。

ネットでロン モニター版
- アリカ

ファンタシースターユニバース プレミアムディスク
- セガ

ダージュ オブ ケルベロス β版
- スクウェア・エニックス

信長の野望 オンライン βバージョン
- コーエー

ファイナルファンタジー 11 βバージョン
- スクウェア

プレイオンライン βエディション
- スクウェア

みんなのゴルフオンライン β版
- SCE

実用系

PS2の周辺機器の他、ゲームとは関係なさそうな機器に、PS2対応ソフトが同梱されていることもありました。ゲーム機の可能性を模索していたんですね。

蔵衛門
TV 蔵衛門

● オリンパス

　2002年にオリンパスが発売したMOディスクドライブ「TURBO MO mini EX IV+」に付属していたソフトです。PS2でデジカメデータを管理するためのもののようです。

　2003年には、New「TURBO MO mini EX IV+」が発売され、こちらの『TV蔵衛門』が付属していました。

ピクチャーパラダイス 体験版 vol.1
ピクチャーパラダイス 体験版 vol.2

● ソニー

　ソニーが発売したデジタルカメラ「サイバーショット」シリーズに付属していました。「体験版」と銘打っていますが、製品としては発売されなかったようです。

Linux beta release
Linux リリース 1.0

● SCE

　「PS2 Linux Kit」として、周辺機器とともに販売されました。β版と正式版が存在します。

PrintFan

● ソニー

　PS2専用プリンター「Popegg」に付属していたソフトです。「PrintFan With Popegg」として販売されました。

　このプリンターに対応したソフトもいくつか発売されていますが、その中でも「Primal Image」のプリンター対応版である「Primal Image FOR PRINTER」は、あまり見かけません。

プレイステーション２

ブラウザ

PS2は、周辺機器を利用することでインターネットの閲覧などが可能でした（一部型番は標準対応）。このため、ブラウザソフトも多数作られています。

PS2用のブラウザソフトはかなりの数が出ています。『イージーブラウザー』系では、市販版、モデム同梱版、モデム同梱版『イージーブラウザー ライト』、市販版『イージーブラウザー BB』があり、それぞれ型番も違います。

同様に『NetFront』も、モデム同梱版と、市販版の『NetFront for Δ（デルタ）』があります。特に後者は市販されたPS2ソフトにもかかわらず、ゲーム好きな人達の間ですらほとんど知られていないのではないかと思います。

また『インターネットおまかせロム』は、PS2用モデム「ME56PS2V」に同梱されていましたが、非常にレアです。なお、型番違いの「ME56PS2」はよく見かけるのですが、こちらには同梱されていません。

イージーブラウザー
●エルゴソフト

イージーブラウザー ライト
●エルゴソフト

イージーブラウザーＢＢ
●エルゴソフト

NetFront
●アクセス

NetFront for Δ
●NEC インターチャネル

インターネット おまかせロム
●ー

099

その他

イベント用ディスク、限定販売、無料配布の体験版、特典ディスクなどこれまでのカテゴリに当てはまらないソフトをまとめて紹介します。

真・女神転生III NOCTURNE TSUTAYA オリジナルバージョン
●アトラス

『真・女神転生III NOCTURNE』発売時に、TSUTAYAおよびTSUTAYA onlineで販売。パッケージなどが、オリジナルのものになっています。

トレインキット for A列車で行こう2001
●アートディンク

PS2『A列車で行こう2001』の車両追加用ディスクで、通信販売のみでした。プレイステーション・ドットコムとアートディンクのサイトで購入できたようです。

Train Simulator 御堂筋線
●音楽館

大阪市交通局と北大阪急行電鉄株式会社が発売したもので、通信販売や駅などで購入できたようです。また開発中の2003年に、「大阪市営交通100周年記念フェスティバル」で展示され、予約販売を受け付けたようです。

頭文字D総集編プロジェクトD 栃木エリア編（PS2体験版付）
●セガ

コンビニを中心に販売された総集編コミックに、PS2『頭文字D Special Stage』の体験版が付属していました。10万部発行とされていますが、こういう雑誌は読み捨てられてしまうことが多く、後から狙って入手しようとするとなかなか見つかりません。

ワンピースグランドバトル グランドツアーズスペシャルディスク
●バンダイ

配布の経緯は不明ですが、イベントなどで使われたものではないかと思われます。

プレイステーション2

桃太郎電鉄 USA 若槻千夏直筆サイン入りパッケージジャケット
●ハドソン

PS2『桃太郎電鉄USA』の発売記念イベントで配布されました。他のイベントなどでも配布された可能性があります。若槻千夏バージョンと、サイコ・ル・シェイムバージョンがあります。

涼宮ハルヒの戸惑 予約特典ディスク 宇宙初！フルCG 踊るSOS団
●バンプレスト

ナルティメットアクセル2 全六十二忍即開放ディスク
●バンダイナムコゲームス

どちらも予約購入特典として付いてきたオマケディスクです。

サルゲッチュ2 ウッキウッキーディスク
● SCE

2002年の『サルゲッチュ2』感謝キャンペーンで無料配布されました。

スペサルディスク 2003
● SCE

「コロコロコミック」とのタイアップで配られたようです。『サルゲッチュ2』など、さまざまな体験版を収録しています。

FORMULA SUZUKI 隼タイムアタック
●―

「FORMULA SUZUKI 隼タイムアタック」キャンペーンで、1万名にプレゼントされました。このソフトで良いタイムを出すと、さらに景品がもらえたようです。スズキのディーラーなどでも配布していたようで、かなりの数が出回っています。

マクドナルド ハッピーDISC
● SCE

2001年にマクドナルドで開催されたキャンペーンで、期間中に指定のセットメニューを購入すると、「マック・プレステWINゲーム」が渡され、その中に抽選カードが入っていました。金のラッキーカードが出ると、このソフトがもらえたようです。たくさん配布されたようで、中古ショップなどで山のように転がっています。

101

Column／グランツーリスモの体験版

初代グランツーリスモ

『グランツーリスモ』シリーズは、体験版のバリエーションが多く、非常にコレクター泣かせです。まず、PSの『グランツーリスモ』1作目の体験版です。筆者が所持しているのは4種類です(カッコ内は型番)。

1-1 プレプレ Vol.8 DISC2 TEST DRIVE DISC (PCPX-96085)
1-2 単体配布版 TEST DRIVE DISC (PCPX-96088)
1-3 体験版(PAPX-90026)
1-4 店頭試遊ディスク(PCPX-96096)

グランツーリスモ2

PS『グランツーリスモ2』の体験版については、「TEST DRIVE DISC」(PAPX-90054)の1枚しか所持しておりません。

2-1 TEST DRIVE DISC (PAPX-90054)

グランツーリスモ3

PS2『グランツーリスモ3』でいきなり種類が増え、コレクションする難易度が上がります。筆者が所持しているのは以下の6種類です。

3-1 店頭試遊ディスク(PCPX-96311)
3-2 店頭試遊ディスク Vol.2 (PCPX-96609)
3-3 リプレイシアター 赤パッケージ(PAPX-90208)
3-4 リプレイシアター 黒パッケージ(PAPX-90208)
3-5 同 オートバックスセブン版(PAPX-90207)
3-6 同 ネッツトヨタ版(PAPX-90209)

発売延期などのせいで体験版に複数のバージョンが存在するのはよくあることですが、3-2は、自ら「Vol.2」と名乗ってしまっています。こういうものは、けっこう珍しいです。

そして、なかなか収集困難なのがリプレイシアターです。まず3-3と3-4は、パッケージが違うにもかかわらず型番が同じです。コレクターは型番を頼りにバージョン違いソフトを探すことが多いため、これは非常に困ります。

そして3-5と3-6は、かなりレアです。3-5のオートバックスセブン版は、オートバックス店舗で買物した人の中から抽選で5,000名にプレゼントするキャンペーンで配布されたものなのですが、全然見かけず、本当に5,000本も配布したのか疑いたくなります(キャンペーン期間が短かったりすると、予定本数を配布しきれなかったりすることがあり得ます)。

3-6のネッツトヨタ版は、筆者はそもそも配布の経緯を把握していないのですが、あまり見かけません。

また、番外編的な存在として、『グランツーリスモ2000 体験版(PAPX-90203)』があります。

3-7 グランツーリスモ2000 体験版(PAPX-90203)

1-1

1-2

1-3

1-4

3-2

3-3

2-1

3-1

3-4

3-5

プレイステーション2

　『グランツーリスモ2000』というタイトルのゲームは発売されていません。延期しているうちに2000年が終わってしまったらしく、タイトルを『グランツーリスモ3』に変えて発売したようです。タイトルだけ見れば「未発売ソフト」と言えなくもないかもしれません。

グランツーリスモ4

　そして、PS2用「グランツーリスモ4」では、さらにバリエーションが増えています。筆者が所持しているのは、以下の8種類です。

4-1　First Preview（PCPX-96649）
4-2　体験版 ザ・プレイステーション付録(SCPM-85304）
4-3　体験版 コペン版（SCPM-85301）
4-4　体験版 プリウス版（PAPX-90512）
4-5　体験版 エアトレックターボ版（PAPX-90504）
4-6　オンライン実験バージョン（PAPX-90523）
4-7　スバルドライビングシミュレーター版（PCPX-96634）
4-8　LUPO CUP トレーニング版（PAPX-90508）

　4-1～4-6までは、比較的容易に入手できます（強いて言えば、4-5は比較的入手しにくいです）。しかし、4-7と4-8の入手は至難。4-7のスバルドライビングシミュレーター版は、ソニーと富士重工が共同開発したドライビングシミュレーターの付属ソフトのようです。シミュレーター自体が本格的なシロモノで数百万円するので、入手はかなり困難です。

　4-8のLUPO CUPトレーニング版は、フォルクスワーゲン主催の「ルポGTIカップジャパン」に参戦した人向けに、トレーニング用に配布されたソフトです。参戦には車を購入しないといけないこと、参加人数も数十名程度であることなどから、入手難易度はかなり高いと思われます（なお、ファミ通誌上などでも、少数プレゼントされたようです）。

　『グランツーリスモ』の体験版は、スタート時点では比較的容易に入手できる一方、最後のほうはオニのような入手難易度になるので、収集を楽しみたい方向けのジャンルなのではないかと思います。

4-3

4-4

4-5

4-6

4-7

4-8

3-6

3-7

4-1

4-2

103

Column／書籍型ソフトの世界

「書籍型ソフト」とは、書店でのみ販売されたソフトのことです。今では恐るべきプレミア価格が付いている PCE『秋山仁の数学ミステリー』が頭に浮かばれるのではと思いますが、本ページで紹介するのは、そんな大それたものではありません。書籍や雑誌に、CD-ROM 型ソフトが付属している類のものです。こういったものは、PCE やメガ CD の頃にいくつか出て、PS や PS2 でたくさん販売されました。

変なプレミア価格が付いておらず安いので、純粋に探す楽しさが味わえます。そんな書籍型ソフトの世界から、いくつか紹介します。

攻略本・設定資料集など

よくあるのが、攻略本や設定資料集に、特別ディスクが付属しているもの。『フィロソマ パーフェクトガイドブック ザ・ワールド・オブ・フィロソマ』『フィロソマ オフィシャルアートブック』『ビジュアルワークス・オブ・アヌビス(PS2 ソフト付)』『超兄貴初体験マニュアル(初体験版 CDROM 付)』『クラシックロード パーフェクトブリーディングブック』『オトスタツ公式わくわくたいけん BOOK』『ロードス島戦記 体験 CD ロム付公式ガイドムック』などです。

ありさえすれば安いので、ぜひ探してみてください。ただ、「クラシックロード」だけはなぜか激レアです。筆者は一回しか見たことがありません。

また『プレイで覚える』シリーズは、PS 用ソフトとして市販されましたが、書籍タイプでも発売されました。

大技林の付録ソフト

「大技林」は徳間書店の、テレビゲームの ALL カタログ的な本。ネット上の情報がまだ充実していなかった頃は、コレクターにとってバイブル的な存在でした。この「大技林」にも PS ソフトが付いているものがありました。『超絶大技林 PS プラス 2000 年冬版(PS ソフト付)』『超絶大技林 プレイステーション対応 '99 年夏版(PS ソフト付)』です。

余談ですが、ごくまれにマイナーすぎて「大技林」に掲載されなかったソフトもあります。有名なのは、MD『マキシマムカーネイジ』など、晩期のアクレイムジャパンが出したものです。そういうソフトは、「大技林未掲載ソフト」として、レアソフトの一つの目安になっていた時期がありました。SS『メッセージ・ナビ』(個人情報満載の出会い系ソフト。今ではおそらく出せない)も、大技林未掲載ソフトです。

雑誌の付録ソフト

「コミックボンボン」2004 年 7 月号には、体験版ソフトが付属していました。『バーチャファイターサイバージェネレーション体験版』です。そして、筆者がもっとも入手に苦労したのが「extra cawaii!!(エクストラ カワイイ)」。ギャル向けのファッション雑誌「cawaii!!」の付録として付いていた DC 用ソフトです。このソフトを使うと、イサオネットの「ドリームキャスト・アイドルクラブ」に登録できるというものでした。

表紙からして水着のギャルで、エロゲーを買うのは恥ずかしくない筆者でも、この雑誌を買うのは恥ずかしかったです。しかもこの雑誌を探すために、女子の群れに交じって雑誌のバックナンバーを物色する羽目になり、冷や汗をかきながら探しました。

その他いくつか

また、比較的新しいのに何故かレアなのが、「まるごと METAL GEAR ONLINE」。

それと、DVD にもけっこう付属しています。『DVD VIDEO OPTION No.130(D1 グランプリ 体験版付)』『DVD VIDEO OPTION No.139(D1 グランプリ 2005 体験版付)』『アンフォーギヴェン 2003(エキサイティングプロレス 5 体験版青バージョン付)』『ノーマーシー 2003(エキサイティングプロレス 5 体験版赤バージョン付)』などです。

PSP 用の UMD は、かなりたくさんの DVD に付属しています。あまりに多いので筆者は全部追うのは諦めましたが、「ローレライプレミアムエディション初回版 UMD 付」「妖怪大戦争 DTS コレクターズエディション UMD 付」などがあります。

メガドライブ編

　1988年に登場したメガドライブは、セガファンから非常に愛されてきたハードです。現在でも国内外でコアな人気を持ち、世の中には非常にディープな知識を持つコレクターの方々が大勢おられます。
　その一方で、実は筆者、メガドライブについては守備範囲外で、あまり詳しくありません。
　ここで筆者の拙い知識を中途半端に語ってもあまり意味が無いと思いますので、この項は個別の解説は少なめになっております、ご容赦くださいませ。

カートリッジ

いかにもレトロゲームらしいカセットタイプなのも、MDソフトの魅力のひとつです。まずは、メガCDではなくカセットで登場した非売品たちを紹介します。

テトリス（未発売ソフト）

メガドライブでは発売されなかった、MD『テトリス』です。余談ですが、筆者は以前これを所持していたものの、一度コレクターを引退した際に手放してしまい、今になって身を切るような後悔に苛まれております。

※協力：まんだらけ中野店 ギャラクシー

バンパイアキラー ゴールドカートリッジ

●コナミ

「メガドライブFAN」1993年6月号に、コナミ＆同誌の特別共同企画として、「バンパイアキラー 敵キャラクタ＆ステージトラップアイデア募集コンテスト」を行う旨、記載があります。

敵キャラクタ部門とステージトラップ部門があり、それぞれの部門の最優秀賞1名にゴールドカセット、優秀賞1名にシルバーカセット、入賞3名に銅カセットがプレゼントされるというものでした。

※協力：まんだらけ中野店 ギャラクシー

番外編

機動戦士Zガンダム ホットスクランブル
ゴールドカートリッジ（見本）

●バンダイ

ファミコンの『機動戦士Zガンダムホットスクランブル FINAL VERSION』といえば、銀メッキされたシルバーカートリッジです。しかし今から20年近く前、まだファミコンコレクター黎明期の頃、ゴールドカートリッジもあるという噂が流れた時期がありました。今では、そのような説を言う人がいなくなって久しく、筆者もスッカリ忘れていたのですが、先日こんなものを見かけて仰天しました。カセットには「見本」と書かれています。※協力：まんだらけ中野店 ギャラクシー

106

メガドライブ

ワンダー MIDI
●日本ビクター

　メガドライブとメガCDを一体化させ、MIDI端子などを搭載させた「ワンダーメガ」というモデルがあります。この『ワンダーMIDI』は、ワンダーメガ専用のMIDIデータ再生＆音楽学習ソフトなのです。

レア

ワンダーライブラリ
●日本ビクター

　同じくワンダーメガ専用ソフトです。こちらは、ワンダーメガで電子ブックを読むためのソフトになっています。

レア

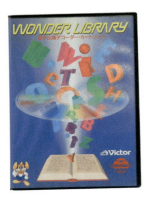

107

ガンスターヒーローズ 実演用サンプル
ダイナマイトヘッディー 実演用サンプル
Ｊリーグプロストライカー２ 実演用サンプル

●セガ・エンタープライゼス

　この３本は、ショップ店頭での実演デモなどに使われたと思われるソフトです。白い箱に白いカセットと非常にストイックな見た目ですが、それがかえってコレクター的には惹かれるような気がしないでもありません。

ファンタシースター復刻版

●セガ・エンタープライゼス

　MD『ファンタシースター〜千年紀の終わりに〜』の発売記念キャンペーン「ファンタシースターのルーツを探れ！」で、抽選で2,000名にプレゼントされました。
　……しかし、その後まったく同じソフトが普通に市販され、レアでもなんでもなくなってしまいました。かろうじて当選通知書があることで、抽選品だと分かるのみ。市販版と、パッケージなどに少しでも差異があれば、最初に当選した人たちも浮かばれたのにと思います。

メガドライブ

メガアンサー
●セガ・エンタープライゼス

スミセイホーム端末
大阪銀行ホームバンキング
名古屋銀行のホームバンキングサービス・ナイスくんミニ
●―

　ファミコンと同様に通信ソフトもいくつか存在します。周辺機器「メガモデム」を使用し、主にホームバンキングシステムとして利用されていたようです。
　『メガアンサー』はホームバンキング用の周辺機器として発売され、ソフトの他、メガドライブ本体・メガドライブ・テンキーパッドがセットになっていたようです。ソフトのパッケージも存在しますが、筆者は所持していません。『大阪銀行のホームバンキング』については、パッケージなどが存在しているかどうか不明です。

109

サンサン
● サンサン

Go-Net
● セガ・エンタープライゼス

　この2本は、ネット囲碁ソフトです。メガモデムにより、電話回線を使った通信対戦が可能でした。

日刊スポーツ プロ野球 VAN
● —

　メガモデムでプロ野球の試合経過情報などの配信を受けて、閲覧するためのソフトです。通信販売専用だったようです。

メガドライブ

セガチャンネル専用
レシーバーカートリッジ
●セガ・エンタープライゼス

こちらは、ケーブルTVを介してゲームを受信するためのソフトのようです。筆者は所持しておりませんが、大きなダンボール製の箱と、説明書も存在します。

メガCD

ご存知の通り、メガドライブは1991年発売のメガCDを接続することで、CD-ROM型のゲームがプレイできました。このディスクにも非売品が存在します。

リーサルエンフォーサーズ
ファミ通版（メガCD版）
●コナミ

「ファミコン通信」1993年10月29日号の懸賞で、10名にプレゼントされました。その後の当選者発表時の記事には「読者用プレゼントの10枚と、このゲームに出演した編集者たちが持っているものを合わせて18枚しか存在しない」という旨の記載がありました。

ゲーム中のキャラクターが、ファミ通編集部の方々に置き換えられています。

ワンダーメガコレクション
●日本ビクター

ワンダーメガに同梱されていたソフトです。ただそれだけなのですがワンダーメガ自体がほとんど普及せず、いまとなっては珍しいので、ソフトもそこそこレアになっています。

メガCD専用レンズクリーナー
フレッシュクリーナー
●ムーミン

その名の通り、CD読み取り部分のレンズクリーナーなのですが、メガCDにセットするとちゃんと起動し、画面も出るようです。れっきとした、メガCD専用ソフトでもあるのです。

111

Column／マスターシステムとゲームギア

マスターシステムとゲームギアについても、ここで紹介しておきましょう。マスターシステムはセガ・マークⅢのモデルチェンジ版。ゲームギアはマスターシステムと互換性を持つ携帯ゲーム機です。

マスターシステム

『グレートアイスホッケー 国内版』は、「ファンタシースター大ヒットキャンペーン」で、抽選で1,000名にプレゼントされたものです。MD『ファンタシースター』のパッケージのバーコードを切り取ってハガキに貼るという応募方法でした。

このソフトは、スポーツパッドという周辺機器を用います。このため海外版スポーツパッドがセットになっていました。

なお、筆者は所持していませんがマスターシステム『ゲームでチェック！交通安全』という非売品ソフトも存在します。

ゲームギア

『学科自習システム カーライセンス』は運転免許の学科試験の学習用ソフトで、自動車教習所向けに作られたようです。

ソフトに「三菱化学」と記載されており、同社が開発したものと思われます。

『ソニック＆テイルス 実演用サンプル』と『ソニックドリフト デモ用サンプル』は、カセットのラベルが、先に紹介したメガドライブの実演用サンプルと似ています。いずれも店頭デモ等に使われたものだと推測します。※協力：ベラボー

セガサターン 編

　1994年、プレイステーションよりほんの少しだけ先に発売されました。このセガサターンは、筆者個人的に、かなり好きなハードのひとつです。
　スーファミの後の「次世代機」という言葉には、当時とてもワクワクしました。一時期はPSと双璧をなしており、「もしかしてセガが天下を取るんじゃないか」と一瞬でも夢を抱かせてくれたハードだという点も、思い出深いです。
　同時期のPSとともに、インターネット関連のソフトなども存在しています。

デリソバデラックス

● TBS

TV番組「関口宏の東京フレンドパークⅡ」の番組内で使用されていたゲームですが、要望が多かったようで、抽選でプレゼントされました。こちらには、ツクールモードなどが追加されており、番組内で使用されていたソフトと全く同じというわけではなさそうです。

また、雑誌などでもプレゼントされたようです。

ハイムワルツ

●―

「ハイムワルツ」で検索すると、セガサターンの非売品ソフトが一番上位に出てくるようになってしまいましたが、本来は、積水化学工業が発売したプレハブ住宅商品「ワルツ」のことです。同社の住宅ブランド「セキスイハイム」の商品の一つなので、ハイムワルツと呼称しているのではないかと推測しています。内容は「ウォークスルー」と「プランニング」で、モデルハウスの内覧や建築プランのシミュレーションが行えます。

オレゴン&ベーシック
Welcome to アイフルホーム

●―

アイフルホームのショールームでもらえたようです。モデルハウスの中を歩けるフリーウォークや、家の建築プランのシミュレーション、CMシアター等が収録されています。『ハイムワルツ』と似た内容です。

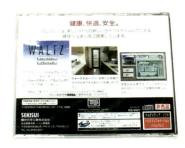

電波少年的ゲーム（行商販売版）
●ハドソン

昔、TV番組「進め！電波少年」の企画として、「無敵のセールスマン」というものがありました。ふかわりょうさんが、SS『電波少年的ゲーム』を、各地のカラオケボックスに自転車で行商販売して回るというものでした（通信販売もされていた可能性があります）。

その後、同ソフトはコンビニ専売商品として販売されました。タイトルはいずれも『電波少年的ゲーム』ですが、パッケージの絵柄などが異なっており、行商販売版の型番が T-14316G、コンビニ専売版が T-14318G でした。

電波少年的ゲーム2
●ハドソン

『電波少年的ゲーム2』というソフトも存在します。型番はT-14317Gとなっており、『電波少年的ゲーム』の行商販売版とコンビニ専売版の間に位置しているのですが、世に出た経緯などは不明です。

シャイニングフォース3 プレミアムディスク
●セガ・エンタープライゼス

SS『シャイニングフォース』の「シナリオ1〜3」の説明書に、それぞれ応募券が付属しています。これを3枚揃えてハガキに貼ると応募できました。受付期間は、1998年9月23日〜同年11月30日となっています。

帝国華撃団隊員名簿

● セガ・エンタープライゼス

「帝国華撃団」は、SS『サクラ大戦』に出てくる主人公たちの所属部隊です。パンフレットに「報道関係各位」と記載されていることや、「96年春に"サクラ大戦"発売予定」(実際には、1996年の9月に発売)とあることから、同作発売前の時期に、プレス関係者などに配布されたものではないかと推測しています。この他、懸賞などでプレゼントされた可能性もあるでしょう。形状はパンフレットですが、SS用ソフトが付いています。パンフレットが紙製で、中にチラシが複数枚入っていることから、完品の状態を維持するのが大変そうなシロモノです。なお、チラシのうち1枚が操作説明書になっています。

デビルサマナーソウルハッカーズ EXTRAダンジョン

● アトラス

SS『デビルサマナー 悪魔全書第二集』のNEW YEARキャンペーンにおいて、抽選で1,000名にプレゼントされたものです。同ソフトに同封されているハガキで応募するという方法でした。タイトルのように、SS『デビルサマナーソウルハッカーズ』用のEXTRAダンジョンが収録されています。

余談ですが、筆者は当時SS本体を発売日に購入し、PSに対しては変な敵愾心を燃やしておりました。そのため、SSで『デビルサマナー』が出たときは、PS勢に対して優越感を持ったりしていたのですが、その後PSでも同タイトルが発売され、しかもそちらにはEXTRAダンジョンが標準で収録されていたのでした。これには、非常に悔しい気持ちになった記憶があります。

オウガ限定版パワーメモリー

● リバーヒルソフト

SS『タクティクスオウガ』発売時のキャンペーンでプレゼントされたものです。SS『伝説のオウガバトル』『タクティクスオウガ』に付いている応募券を両方とも集め、官製ハガキに貼って応募すると、A賞の「特製メタルフィギュア」が2,000名に、そしてB賞として「オウガ限定版パワーメモリー」が1,000名に当たりました。

セガサターン

スーパーリアル麻雀
P's CLUB 限定版

●セタ

　発売元のセタが運営していた『スーパーリアル麻雀』のファンクラブ「P's Club」の会員向けに販売された限定版で、SSで発売された『P5』『グラフィティ』『P6』『P7』『アドベンチャー海へ』の5作すべてに存在します。

　パッケージの隅に小さく、「P's CLUB SPECIAL EDITION」の記載があります。CD-RCMの版面がピクチャーレーベル仕様になっていたり、ミニゲームやインタビューが収録されていたり、そこかしこに市販品との差別化がなされており、とても凝った作りになっています。まさにファンアイテムのお手本という感じです。帯のコメントが市販品と違う（『P7』以外）あたり、コレクター的に見ても素晴らしい逸品だと思っております。

　各ソフトの生産本数は、以下のとおりです。『グラフィティ』3,000本（P'S CLUB 第4号より）＋再版1,000本（P'S CLUB 第5号と6号より）。『P6』5,000本（P'S CLUB 第4号より）。『P7』6,000本（P'S CLUB 第14号より）。『アドベンチャー海へ』5,000本（P'S CLUB 第17号より）。

　『P5 P's CLUB 限定版』については、「P'S CLUB 第1号」に、2,000本であると推測されるような記載があるのですが、確証は取れていません。ただ、その後の「P'S CLUB」を見ている限り、けっこう長く売れ残っていたようで、『グラフィティ P's CLUB 限定版』のほうが先に売り切れていました。なお後者は、後に1,000本追加で再版されました。

アイドル麻雀ファイナルロマンス 着せかえディスク プレゼント用景品版

●アスク講談社

　SS『アイドル麻雀ファイナルロマンスR』の「初回プレス限定版スペシャルキャンペーン」でプレゼントされたものです。ソフト同封の応募券をアンケートハガキに貼って応募すると、抽選で1,000名に本ソフトが、2,500名にオリジナルフィギュアがプレゼントされました。

　ただし、その後発売された『アイドル麻雀ファイナルロマンスR プレミアムパッケージ』に同内容のディスクが同梱されたため、存在感の薄い非売品ソフトとなってしまいました。一応、同梱版と本ソフトではパッケージや型番が異なっており、コレクター的には別ソフト扱いになると考えています。

きゃんバニ日めくりカレンダー

●キッド

　SS『きゃんきゃんバニー』のキャラクターを使った、SS用の日めくりカレンダーです。ケースの裏に「きゃんきゃんバニースペリオール2は'96,12,20発売です。」と記載されているので、販促品として配布されたのではないかと推測しています。そして、後日発売されたSS『きゃんきゃんバニースペリオール2』にも普通に同梱されていました。内容は市販品と全く同じで、パッケージや型番だけが違うという微妙さ加減は、前述の『アイドル麻雀ファイナルロマンス 着せかえディスク プレゼント用景品版』と似ています。重度のゲームコレクターだと、逆にこういうのに惹かれたりします。

野村ホームトレード

●野村證券

　野村証券が展開していたインターネットオンライン取引サービス「野村のホームトレード」。これをセガサターンから利用するためのソフトです。後にDC版も出ました。

Dragon's Dream

●セガ・エンタープライゼス

　平成9年11月19日、富士通が「世界初！ゲーム機からのネットワーク型ロールプレイングゲーム」というプレスリリースを出しました。セガと共同で、SS用ネットワークRPGのサービスを12月20日より開始するという内容でした。その専用ソフトが「Dragon's Dream」で、無料配布されたようです。

　当時としては斬新な試みでしたが、残念ながらセガに天下を取らせるところまでには至らなかったようです……。その夢の残骸とでもいうべきソフトで、SSコレクターならば持っておきたい逸品です。

セガサターン

パッドニフティ 1.1 & ハビタット2
● セガ・エンタープライゼス

セガサターンインターネット2 スペシャルディスク with セガサターンインターネット2

セガは「セガサターンネットワークス」と称して、SS用のモデムキット、キーボードなど、SSでネットワークサービスを利用するための周辺機器やソフトのセットを色々と販売していました。その中にはニフティ接続用ソフト『パッドニフティ』なども同梱されていたのです。一方で、ソフト単体で発売(もしくは配布)されたものもあります。今となっては全く使えませんが、コレクター的には意義深いソフトだと思います。

ぷらら グリーンディスク version1.0

当時、NTTコミュニケーションズ系のインターネットプロバイダ「ぷらら」に申し込めば無料でもらえたようですが、都市伝説ではないかと疑いたくなるぐらい見かけません。知られざるレアソフトのひとつです。

ボイスワールド サンプル
● セガ・エンタープライゼス

サターン用のモデムを使用するテレビ電話として企画されていた周辺機器の付属ソフトのようです。「サンプル」という名前の通りモニター向けに配布されたようですが、製品化はされませんでした。

クリスマスナイツ 冬季限定版

●セガ・エンタープライゼス

　SS『ナイツ』の一部が遊べる体験版的な内容ですが、細かいところまで作りこまれており、かなり遊べる内容です。サターン現役当時は、人気殺到でそれなりに入手困難だったと記憶しております。筆者も当時入手し、夢中でプレイしました。大量に配布されたため、今では安値で転がっていますが、これだけ遊べる非売品ソフトは他にはありません。最もやりこまれ、愛された非売品ソフトではないかと思います。

i miss you.

●コンパイル

　コンパイルのソフト付き雑誌「ディスクステーション」の別冊として出されたものです。通常の「ディスクステーション」はパソコン用でしたが、こればSSで動作します。また、同タイトルのPS版も存在します（写真左）。

雀帝バトルコスプレーヤー オリジナル原画集

●ダイキ

　『雀帝バトルコスプレーヤー』の原画をSSで鑑賞するためのディスクです。ゲームソフトの予約や購入時の特典として配布されました。

バーチャファイター CG ポートレート デュラル

●セガ・エンタープライゼス

　SS『バーチャファイターCGポートレートシリーズ』の各ソフト封入の専用ハガキに、ソフトの帯にある応募券を5枚集めて貼って応募すると、抽選で50,000名にプレゼントされました。SS現役の頃は、けっこうなプレミア価格が付いていましたが、やはりなんといっても配布本数が多いためか、今では捨て値で購入できます。

バーチャファイター CG ポートレートコレクション

●セガ・エンタープライゼス

　「セガサターン ありがとう100万台！キャンペーン」のプレゼント品です。「セガサターン」「Vサターン」「ハイサターン」のいずれかの本体の説明書のマークを切り取ってハガキに貼り、応募すると抽選で10万名に当たりました。

バーチャファイターキッズ ジャワティ版

●セガ・エンタープライゼス

　大塚製薬のジャワティの懸賞でプレゼントされたものです。このソフトはパッケージやゲーム内に広告が入っており、試み的には面白い非売品ソフトだと思います。

BAROQUE REPORT CD DATA FILE
●スティング

　SS『BAROQUE』が発売された際に、ゲームショップでの無料配布などが行われました。また、応募して郵送でもらうことも可能でした。

ピクトフラッシュ どんどん
●教育デザイン研究所

　教育デザイン研究所の「ピクトフラッシュ」という幼児教育用の電子フラッシュカードのSS版です。製作は日立製作所。
　定価は15,800円でしたが、かなり売れ残っていたようで、2017年現在でもまだ新品が安く買えたりします。

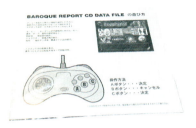

スーパー競輪
●―

　日本自転車振興会が、競輪誕生50周年を記念して作成した非売品ソフトです。最初は50周年記念のイベント会場で配布されたようですが、その後も色々と配布したようで、けっこうよく見かけます。

実践パチスロ必勝法！ アイアンフック
●サミー工業

　パチンコの景品で配られたオリジナルソフトです。パチスロ台「アイアンフック」のシミュレーションモードなどが収録されています。SS全盛の頃は、中古店で結構なプレミア価格がついていましたが、今では安く手に入ります。

EGWORD EGWORD ver2.0
●コーエー

　SS用ワープロソフトです。『EGWORD』はSS用ワープロセットに、『EGWORD ver2.0』は、「ワープロ・アップグレードキット」に、それぞれ同梱されていました。

でべろマガジン Vol.2
（セガサターン版 CDROM 付）

●徳間書店インターメディア

「でべろマガジン」はゲームクリエイター志望者向け雑誌で、「Vol.2」には付録としてSSソフトが付いています。地味ながらほどんど出回っていません。

ギャラクシーファイト
特製サンサターンパッド

●サンソフト

SS『ギャラクシーファイト』に付属のアンケートハガキで応募すると、100名にプレゼントされたものです。

サンソフトが発売したSS用コントローラー「サンサターンパッド」のスケルトン仕様バージョンで、なおかつ『ギャラクシーファイト』のプレイヤーキャラ・ルーミのシールが付いています。

ソウルハッカーズ＆RONDE お試し用サンプル版
ソウルハッカーズ＆RONDE 特別限定・体験版
ソウルハッカーズ＆RONDE お試し用サンプル版（郵送パッケージ）

●アトラス

『デビルサマナーソウルハッカーズ』『RONDE〜輪舞曲〜』2本をまとめた体験版で、3種類のバージョンが存在します。このほかにも体験版ソフトは多数存在しますが、コレクター的な面白さから、紹介することにしました。

ドリームキャスト編

1998年にセガから発売されました。
　このドリームキャストには、ネットワーク関連のものを中心として挑戦的な非売品ソフトが数多く存在し、その全容は把握できておりません。配布経緯なども知られていないものが多いのです。筆者個人的には、非売品ゲームソフトのコンプリートが最も困難なハードなのではないかとすら思っております。
　本書の限られたページ数で、その全てをご紹介するのは不可能ですので、一部のみご紹介させていただきます。

※情報提供：大塚祐一（@DCCOMP）

語り継ぐ経営 大川流

通称「シーマン大川流」と呼ばれるソフトです。シーマンの顔が大川功氏になっています。大川功氏の誕生日会のために作られたソフトで、その場で限定販売されたという説があります。

レア

グラウエンの鳥籠

アスキーイーシーが放送したインターネットドラマ「グラウエンの鳥籠」(1999年10月1日より1日1分ずつ)の映像を収録したソフトで、全6巻となっています。「ドリームキャストダイレクト」でのみ販売されました。

本作を視聴する際には、インターネットに接続して承認キーを得る必要があり(6巻の説明書に、承認キーのダウンロードは2001年3月31日までとの記載があります)、今となっては視聴は困難です。なお、ファミ通増刊「ドリームキャストVMデータ集」の付属DCソフトからも承認キーを入手可能です。この雑誌も、現在は入手困難ですが。

ゴルフしようよ コースデータ集 アドベンチャー編 トーナメントディスク

●ソフトマックス

DC『ゴルフしようよ コースデータ集 アドベンチャー編』購入者向けに配布されたものです。ソフトマックスのHP上から応募することでもらえたようです。

AlaBaMa meets WiLL Vi

PS版同様、パッケージに「The 33rd TOKYO MOTOR SHOW」と記載されているので、第33回東京モーターショーで配布されたのではないかと推測しています。料金別納の封筒に入った状態で発見されたものも存在するので、もしかしたら郵送でも配布されたのかもしれません。

内容はトヨタ車のブランドであるWiLL Viのカタログや、東京モーターショーで上映されたCGムービーで、いちおうゲームも収録されています。

ドリキャッチシリーズ

●トヨタ自動車

トヨタ自動車系のディーラーの一角にあった「Pipit」(トヨタがマルチメディア生活を提案するコーナー)などで試遊できたソフトのようです。

『ドリキャッチ ESTIMA (シルバー)』『同 ESTIMA (赤)』『同 GAIA』『同 GAIA Sample』『同 HILUX SURF』『同 CELICA』『同 PRADO』『同 RAV4L』『同 Fun Cargo』『同 LAND CRUISER 100/CYGNUS』『デジタルカタログ　CELSIOR』の11種類がありました。

なお試遊に使われていたDC本体には、「ドリキャッチ」のシールが貼ってあります。

ドリームパスポート TOYOTA
ドリームパスポート2 TOYOTA

全国のトヨタ自動車系のディーラーで、1999年2月15日からドリームキャストの本体が販売開始されました。その本体に付属していた非売品のドリームパスポートです。パッケージにTOYOTAの文字があり、起動させるとトヨタが提供するサービスサイトに即座にアクセスできます。筆者の経験上、『ドリームパスポート2』のほうが、やや入手困難なように感じます。

ドリームパスポート2 with ぐるぐる温泉

『ドリームパスポート2』に『ぐるぐる温泉ぷち』が収録されたもの。『ドリームパスポート3』が配布される前に、ごく一部のセガパートナーショップの店頭で配布されたようです。

また店頭配布以外にも、ドリームキャストダイレクトで申し込んで送料を払えば、入手できました

CSK健康保険組合専用 ドリームパスポート3

「CSK健康保険組合貸与物件」というシールが貼られたドリームキャスト本体に付属していました。

2000年8月、「CSKの健康保険組合が、東京医科大学病院の協力を得て、同組合12,000世帯にテレビ電話システムを配布し、東京医大病院と結んだネットワークで、健康医療相談を展開していく予定」という内容のリリースがありました。そのときドリームキャスト本体一式が配布されており、その付属物だったのではないかと思われます。

ドリームパスポート2 for LAN

DC用「LANアダプタ」とセットで、モニター用に配布されました。なお、セガがCATV会社30社と無料モニター試験を実施していた旨、当時の「ドリームキャストマガジン」などに記載があります。

余談ですが、この系統のソフトとしては、『ドリームキャストDEネットワーク』『どりPパスポート トライアル』を、過去にネットオークションで見かけたことがありました。

D-net

日本催事協会が運営するDC用インターネットサービス「DEEPLA」に接続するためのソフト。詳細は不明ですが、ディスク盤面に「SHOPPING」とあることから、会員制インターネットショッピングツールだったと推測されます。

以下、詳細不明なソフトが続きます。いずれもDCでインターネットを利用する、『ドリームパスポート』的なソフトと思われ、DCが色々なことに挑戦していた様子が垣間見られます。

ドリームキャスト

栽培ねっと

詳細は不明ですが、「栽培ねっと」という農業生産者向けのサイトにアクセスするためのソフトのようです。

説明書には、以下の記載があります。「栽培ねっとにご加入いただきありがとうございます」「栽培ねっとでは『テレビを見る』ように、簡単に作物の栽培情報や、購入情報が手に入ります。より良い作物の生産と販売のために、毎日チェックしましょう!!」

STステーション パスポート

パッケージに記載されているロゴ等から、エスティーステーションというコンテンツプロバイダーに関係するソフトではないかと推測しております。

また、ケースの裏面に「専用メモリーカード必須」という記載があります。実際、ソフトをDC本体で起動しても、「ST STATION PASSPORT専用メモリーカードが挿入されていない」というエラーメッセージが出て、先に進めません。

期間限定版インターネットテレビ電話ショッピング

『Ver.1.0』と『Ver.2.0』の2種が存在します。

カメラ、マイクの接続が必須のようで、接続されていない場合はトップ画面から進めません。マイクとカメラを使って通販会社のニッセンへの注文が出来るモノだったと推測されます。

このソフトにも『神戸パスポート』と同様に、「産業・社会情報化基盤整備事業」の一環として行われる実地検証であるという内容の表記があります。

また、「株式会社CSK　ニッセンEC実証実験プロジェクト事務局」の記載があります。さらに、「ドリームキャストマガジン」2000年2月11日号には、関西地区で2000年2月1日～8月31日まで実地実験を行う旨の記載がありました。

神戸パスポート TV電話版

これも詳細は不明ながら、ディスクの盤面に、以下の記載があります。「この実地検証は、通商産業省と財団法人日本情報処理開発協会が進める『産業・社会情報化基盤整備事業』の一つとして実施しています。」

127

介護ネットワークパスポート

DCで「介護ASP」というサイトへアクセスするためのソフトのようです。マイクが必須で、接続されていないと起動画面から進めません。マイクを接続すると、「介護ネットワークへログイン」という画面に入れます。

なお盤面には、「情報処理振興事業協会（IPA）が推進する『中小企業経営効率改善支援ソフトウェア開発・実証事業』」として、株式会社CSKがモニターを実施していたことが記載されています。

JRA PAT for ドリームキャスト

FCやSFCでも出ていた競馬用ソフト『JRA-PAT』のDC版です。DCでは、『JRA PAT V40L10』『JRA PAT V40L11』『JRA PAT V40L12』『JRA PAT V50』の4種類があります。

J-コード パスポート

「ジェイデータが運営するDC専用インターネット接続サービス『FREE-DC.COM』に入会すると、先着5万名にDC本体をプレゼントする」というキャンペーンがあったことが、「ドリームキャストマガジン」2000年4月7日号に掲載されています。

これは、そのDC本体に付属していたものと思われます。5万名とありますが、めったに遭遇しないソフトなので、実際の配布数はもっと少なかったと推測されます。

KYOTEI for Dreamcast

ソフトのタイトルから、競艇の舟券をドリームキャストで購入するソフトではないかと推測されます。

『JRA-PAT』が有名なので、このソフトも有名であるかのような気がしてしまうのですが、実際にはそんなことは無く、ほとんど情報が無いソフトです。

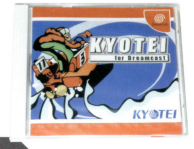

野村ホームトレード
●野村證券

野村證券のオンライン取引サービス「野村ホームトレード」を利用するためのソフトです。

「野村ホームトレード」は、FCやSSでサービスが提供されていましたが、1999年10月よりDCでもサービス開始され、申し込むとこのソフトが無料でもらえました。なお、DCでのサービス開始時に、SSのほうは新規受付中止になったようです。

ドリームキャスト

ドリームプレビュー

『Vol.0』〜『8』『9 & 10』『11』と11種類あります。なお『9 & 10』と『11』にも、ジャケットは存在するようです。

ゲームショップへ販促として配られたものと推測され、けっこう入手困難です。

機動戦艦ナデシコ スペシャルディスク

●角川書店

DCにもPSやPS2同様、大量の体験版があります。その中から、1本だけ掲載することにしました。これは「スペシャルディスク」と銘打たれているせいか、DCの体験版の中では比較的コレクターに人気があるようです。

スクールネット・エクスペリメンタル

スクールネット実験協議会という団体が、「学校と家庭の新しいコミュニケーションのあり方」についての実験を行うにあたり、参加する学校に対して、DC本体とこのソフトを配布したようです。内容としては、学校の先生と家庭の保護者との間で使う連絡帳のような役割を果たすもののようです

参加校は10校の小中学校である旨、「ドリームキャストマガジン」2000年2月4日号に記載があります。この10校のものの他、もう1種類存在する模様で、全部で11種類という説が有力です。同じく「ドリームキャストマガジン」に、参加校に約3,000枚配布した旨の記載がありますが、これは10（or11）種類合計の数と思われます。ソフトの性質上あまり市場などには出てこないことを考えると、入手はかなり困難でしょう。

11種類それぞれのパッケージに、参加した学校名が記載されています。また、起動してタイトル画面に進むと、学校名が表示され、そこから学校のHPに飛べます。このため別のソフトと言ってよいと思うのですが、型番は全て610-7876です。

レア

番外編
fish life コントロールユニット専用ソフト

●セガ・エンタープライゼス

セガが2000年6月20日に発売した「fish life（本体49万8千円）」という機器を購入した人向けに、以下のGD-ROMソフトが販売されました。1本1万9,800円です。

『RED SEA（HDR-0093）』『AMAZON（HDR-0094）』『EPISODE1（HDR-0095）』『EPISODE2（HDR-0096）』『EPISODE3（HDR-0097）』（カッコ内は型番）

「遊べるインテリア」というコンセプトで、魚が泳ぐ様子をタッチパネルに映し、エサをあげたり、タッチでコミュニケーションしたり、自分で描いた魚を泳がせたりできたようです。

これらは通常のDC本体で読み込んでも、画面が表示されず真っ暗なままです。しかしDC上で音楽ソフトとして再生すると、通常は「これはドリームキャスト用のディスクです」と流れるところが、「これはフィッシュライフ用のディスクです」と少し違った警告音になっています。

番外編
MIL-CD 対応の音楽ディスク

サントラCDの一部に、MIL-CD対応のDC本体で起動できるものがありました。以下の8本が存在し、特に『HANG THE DJ』は、ほとんど見かけない激レア品となっています。『北へ。PURE SONGS and PICTURES』『スナッパーズ 09 chairs』『チェキッ娘の見るCD』『Dの食卓2 オリジナルサウンドトラック』『秘密 オリジナル・サウンドトラック』『HANG THE DJ』『スペースチャンネル5 MIL-CD（非売品）』『deeps HEARTBREAK DIARY』

Column／DCの同人&非公式ソフト

同人ソフト

DCにも同人ソフトが存在します。いずれも同人イベントなどで配布されたものと推測されますが、詳細は不明です。

なおDCの同人ソフトは何故か決まってぐるぐるマークが裏返しになっています。誰かが始めて、他の開発者も乗っかっていったのかもしれませんね。

うさナビCD

でじこのマインスイーパー

海外非公式

海外では、非公式ながらいまだに多数の新作がリリースされています。数が多く、筆者は追いきれておりませんので、手持ちの中から、2本だけ掲載させていただきます。

『Irides: Master of Blocks』の発売後しばらくしてから、144本限定で『Limited edition』が販売されました。メダルなどが付属する他、製作者直筆のサイン入りのCertificate（証明書）が付属し、ナンバリングも記載されています。

Dreamcast用 痕 プレイヤー MILK-DC

ラストホープ 限定版
※未開封なのですが、帯が上下反対になっていました。

Irides: Master of Blocks [Limited edition]

PCエンジン編

1987年、NECホームエレクトロニクスから登場し、多くの方々に愛されました。
　筆者個人的に、家庭用ゲーム機の中でも、特に熱心なコレクターの方が多い機種が3つあると思っております。ファミコン、メガドライブ、そしてPCエンジンです。
　そのPCエンジンですが、非売品ソフトも、極めようとすると果てしなく深くて長い道のりとなります。普段PCエンジンを守備範囲外としている筆者の拙い知識では、とても語りつくせるものではありませんが、代表的な非売品ソフトを中心にご紹介します。

※情報提供：PCエンジン研究会

パワーリーグ オールスター
GOLD HuCARD

●ハドソン

「コロコロコミック」1988年8月号と夏休み増刊号の「オールスター人気投票」に応募した読者の中から抽選で100人にプレゼントされました（これ以外にも配布されたという説もあります）。この「オールスター人気投票」で、CECE・PAPAリーグの各ポジション人気1位の選手が決定され、そこで選ばれたベストナイン（＋控え＆ファーム）で編成された、両リーグのオールスターチームのみが収録されるというものでした。

なお人気投票の発表は11月号の予定でしたが、実際は12月号に当選者の名前が掲載されたのみで、投票結果については公表されませんでした……。

市販品との違いは、両リーグのオールスター2チームしかない点と、ペナントモードが入っていない点です。Huカード、メンバー表、ハドソン特製スリーブケースの3点、全て揃っているものが完品とされます。

ダライアスα

●NEC アベニュー

PCE『ダライアス・プラス』に封入されているアンケートハガキ、または『スーパーダライアス』取扱説明書のNECアベニューのロゴマークを切り取って応募すると、抽選で毎週100名・計800人に当たりました。この他、PCE専門誌（PC Engine FAN、月刊PCエンジン、マル勝PCエンジン）などの懸賞でもプレゼントされたようです。

『スーパーダライアス』の裏技"26体戦えますか？"（いわゆるボスラッシュ）のセルフパロディ的な、16体のボスを順番に倒していく「16体戦えますか？」モードと、同ゲームを使った「4分間タイムトライアル」モードを収録。ちなみに、スーパーグラフィックス対応ソフトです。

PC エンジン

ガンヘッド スペシャルバージョン
●ハドソン

　ハドソン 第5回キャラバン「コロコロ ハドソン ハイテク王国」公式認定ソフトです。キャラバン会場やPCエンジン専門誌（FAN、月P、マル勝）の懸賞で配布された他、ブロディア・クイズ（ブロディア Wチャンスキャンペーン）でも抽選で500人にプレゼントされました。

　市販版にはない、いわゆるキャラバンモード（予選用の2分モード・決勝用の5分モード）のみを収録。使用ステージは、市販版のエリア3をアレンジしたもののようです。

ファイナルソルジャー スペシャルバージョン
●ハドソン

　ハドソン 第7回キャラバン「PCエンジン ファイナルソルジャー ワールドカップ'91」公式認定ソフトです。キャラバン会場やPCE専門誌（マル勝）の懸賞で配布されました。

　第6回キャラバン公式認定ソフトの『スーパースターソルジャー』ではスペシャルバージョンソフトは製作されませんでしたが、第7回でまた製作されるようになったのです。

　市販版にも収録の、いわゆるキャラバンモード（2分・5分モード）を一枚のカードに収めただけなので、ゲームとしての存在価値は微妙です。しかも市販版では裏技で遊べた、ボス練習用の1分モードは収録されていません。

ソルジャーブレイド スペシャルバージョン
●ハドソン

　ハドソン 第8回キャラバン「PCエンジン ソルジャーブレイド ワールドカップ'92」公式認定ソフトです。事前エントリーでハドソンによって選ばれた「マスタークラス」認定者の他、キャラバン会場やPCE専門誌（FAN、マル勝）の懸賞でもプレゼントされました。

　市販版と同じキャラバンモード（2分・5分モード）に加えて、市販版には無いボス練習用の1分モードが収録されている上（裏技的なコマンド入力が必要）、各モードで難易度選択が可能になっています。

ボンバーマン'93 スペシャルバージョン
●ハドソン

　キャラバン会場の「5人対戦ボンバーマン'93大会」や、玩具店の店頭などでプレイできたスペシャルバージョンです。市販版のバトルモードのみが遊べます。

　市販版では相手をコンピュータに設定できましたが、本ソフトでは対人のみ。また市販版では残り1分を切ると「プレッシャーブロック」が出現しますが本ソフトでは出てきません。

　本ソフトは「月刊PCエンジン」の読者参加企画「爆裂!!ボンバー倶楽部」で4名にプレゼントされましたが、世の中に出回っているものがこれだけとは考えづらく、キャンペーン参加店などから流出したものがあると推測するのが自然ではないかと思われます。

ボンバーマン ユーザーズバトル
●ハドソン

　ハドソン主催イベントや全国の玩具店約400店舗の店頭で行われた、「対戦ボンバーマン大会」用のスペシャルバージョンです。市販版のバトルモードのみが遊べます。

　タイトル画面で選択できるバトル1と2は、それぞれ市販版のノーマルモードとドクロモードに相当し、ドクロモードには、ノーマルモードのアイテムの他に、何が起こるか分からないドクロアイテムが登場します。

　なお、マルチタップが繋がっていないと市販版と同じ警告画面（'タップ'が、つながっていません。）が表示されて、遊べません。

133

PC原人3 体験版

● ハドソン

　全国のキャンペーン参加店約1600店舗の店頭で行われた「PC原人3 デモプレイ体験」用のスペシャルバージョンです。STAGE1のみ（2人同時プレイも可）プレイできます。

　他のソフトもそうですが、本来は中古市場に出るはずが無いので、やはりキャンペーン参加店等から流出したものが出回っていると推測するのが自然ではないかと考えます。

秋山仁の数学ミステリー

● NHK ソフトウェア

サーカスライド

● ユニポスト オブ ジャパン

　どちらも通常のゲームショップの店頭には並ばず、書店でのみ販売されました。

　かつては両方ともかなりのプレミア価格が付いていましたが、『サーカスライド』については、2001年に突然、Amazon.comで新品が大量に販売され、プレミアは雲散霧消しました。出所は不明ですが、新品の在庫が大量に発掘されたのではないかと推測しています。コレクター達の間では有名な「サーカスライド事件」と呼ばれる出来事です。

　筆者は、この頃はまだコレクターとしては初心者（？）だったのですが、Amazon.comの販売ランキング上位に突然このソフトが出てきて、「なぜPCエンジンが!?」と驚いた記憶があります。一方、『秋山仁の数学ミステリ』のほうはそのようなことも無く、ものすごいプレミア価格を維持しています。

　余談ですが、『サーカスライド』には箱の裏のISBNコードを、シールで訂正したものが存在します（写真下）。

番外編
PCエンジンカーナビ

　ほとんど知られていませんが、パイオニアからPCエンジンのCPUを使用したカーナビが発売されていました。カード媒体ならではのアクセスの速さをウリにしていたものの、その後すぐに訪れたCD-ROMの大容量データには勝てず、短命に終わってしまったようです。

　なおマップデータカード以外に、ゲームソフトも発売されています。『遊々人生』（ハドソン）『麻雀ウォーズ』（ニチブツ）『サテライトパチンコ』（ココナッツジャパン）の3本で、各9,800円でした。そのまま遊ぶと危ないため、サイドブレーキが上がった状態でしか遊べないようになっていました。※協力：ベラボー

ワンダースワン編

　1999年にバンダイから発売された携帯型ゲーム機です。筆者個人的に、ワンダースワンは、GBAなどとともに、これからレトロゲームを集めようと思っている方に、おすすめのジャンルだと思っております。
　「カートリッジ＋紙箱という媒体」、「コンパクトな大きさ」が、コレクション品として並べて眺めると楽しいですし、市販されたソフトの総本数と市場価格も、比較的お手頃です。
　ファミコンのレアソフトなどは、もはや入手不可能な値段になっておりますしね……。

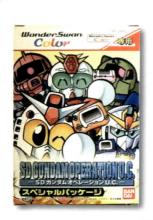

TENORI-ON（テノリオン）
●―

　アーティスト・岩井俊雄氏と YAMAHA のコラボ製品として開発・販売された「TENORI-ON」という電子楽器があります。

　本ソフトはその前身で、製品化前に岩井氏がワンダースワンで自作し、個展でのみ限定販売していたものです。また、DS用ソフト『エレクトロプランクトン』発売時のイベントでも展示されていたようです。

　透明のポーチ（コクヨ製）、ワンダースワン本体（市販のもので色はまちまち）、ヘッドホンアダプタ（市販のもの）、説明書、ソフトで完品だと思います。説明書とソフト以外は、あまりこだわらなくていいような気もします。

　内容は 16 個×16 個のマスをプチプチと押すと演奏してくれるというもので、けっこう楽しいです。

SDガンダム.オペレーションU.C. スペシャルバージョン
●バンダイ

　「バンダイガシャポン　フルカラーステージ 30 段突破記念キャンペーン」で、抽選で 300 名にプレゼントされました。

　ガシャポン「SD ガンダムフルカラーステージ 30 ～復活のシャア～」か「同 31 ～オデッサの激戦～」に付いているミニブックの応募券部分を切り取り、300 円分をハガキに貼って応募するという方法でした。

　箱が特別仕様になっていますが、少しプレイしてみた感じでは、ゲームの内容は市販版と同じように思えます。

デジモンアドベンチャー キャンペーン限定バージョン
●バンダイ

　「デジモンアドベンチャー 2000 キャンペーン」でデジモン関連商品を 500 円以上購入して、バーコードなどをハガキに貼って応募すると、抽選で 500 名にプレゼントされたものです。期間は 1999 年 10 月 21 日～2000 年 1 月 17 日。

　箱や説明書が特別仕様ですが、少しプレイしてみた感じでは、ゲーム内容は市販版と変わらないようでした。

DICING KNIGHT（だいしんぐ・ないと）
DICING KNIGHT.（だいしんぐ・ないと　ぴりおど）

　「第3回 WonderWitch プログラミングコンテスト WWGP 2003」の開催に際し、歴代グランプリ作品のパッケージ版が販売されることになりました。すなわち『ジャッジメントシルバーソード』と『DICING KNIGHT』の2つです。販売されたのは WWGP の最終選考会当日、2003年7月19日の1日のみ。選考会の開催場所は中野サンプラザの研修室1でした。

　また実際に当日販売されたのは『DICING KNIGHT』のみでした。『ジャッジメントシルバーソード』のほうは、製品化が間に合わなかったようで、後日通信販売されることになりました。余談ですが、筆者もこのイベントに顔を出し、無事に『DICING KNIGHT』を手に入れたのですが、一度コレクターを引退した際に手放してしまいました。後に再度入手しようとしたところ、どこにもなくて入手に非常に苦労することに……。

　その後、改良版の『DICING KNIGHT.』が、有限会社キュートの Web ショップで販売（受注生産）されました。受付期間は、2004年4月5日〜2004年4月23日でした。

ジャッジメントシルバーソード

　一方の『ジャッジメントシルバーソード』は、予告通り Web で200本が通信販売されたものの、瞬時に売り切れてしまい、再販が行われました。その後さらに GLEP の「H.F.P.（HAPPY FIELD PROJECT）」により再々販されています。
　「GLEP」は明響社とアクトが開設したゲームポータルサイト。「H.F.P.」は、良いソフトを広めてゲーム業界の発展に寄与するため、流通量が少なくてプレミア化しているようなソフトを、再販していこうというプロジェクトだったようです。

スターハーツ体験版

● バンダイ

WS『スターハーツ』の体験版で、「ファミ通」の懸賞でプレゼントされました。体験版という性質を考えると、他にも配られているかもしれません。箱の裏が操作説明になっており、その代わりに説明書が付属していません。

ママみって

● タニタ

この製品はタニタが発売した母子健康管理計です。お母さんが赤ちゃんを抱っこしたまま乗って、手元の端末で操作して体重を量ったりできるのが特徴です。この手元の端末がWS本体で、専用の付属ソフトもあるのです。

なお付属のWS本体で、普通のWSソフトを遊ぶことも可能。また付属ソフトも普通のWS本体で起動できます。起動しかできず、全く使えませんが……。

余談ですが、このソフト（というか本重計ですが）、一見、簡単に入手できそうに見えますが、実際に探してみると全然見つかりません。筆者も、入手するのに非常に苦労しました。ゲームショップには当然置いていませんので、入手するためには、ゲームとは関係なさそうなリサイクルショップやフリマなどを探し回る羽目になります。

しかもママさん関連の品なので、ママさん達が集うような場所に立ち入って探さざるを得ないのですが、ものすごく場違いな感じがします。妻からは「子供が生まれたばかりの女の人は警戒心が強いから、気をつけたほうがいいよ」と言われたこともあり、筆者は不審者だと思われるのではないかとヒヤヒヤしながら探しておりました。

番外編
WSサンプルソフト

他の多くの機種と同じく、WSでもサンプルソフトなどの内部向けソフトが出回っています。筆者の手元にあるのは『グンペイ』と『たねをまく鳥』のみですが、他にもさまざまなものが存在するようです。

その他機種 編

　比較的新しい機種や、マイナー機種の非売品ソフトを、まとめて紹介させていただきます。
　少し駆け足になりますが、ニンテンドーゲームキューブ以降の任天堂ハードや、プレステ陣営のPS3、PSP。Xbox、Xbox360、それに3DOやプレイディアについても見ていきましょう。

139

ニンテンドーゲームキューブ

2001年、NINTENDO64の後継機として任天堂から登場しました。クラブニンテンドーの景品や予約特典などでは、内容が充実した非売品が複数出ています。

ゲーム大会入賞記念 特製スマブラDX ムービーディスク

● 任天堂

2002年1月下旬～2月にかけて、GC『大乱闘スマッシュブラザーズDX』のゲーム大会が全国のゲーム店で開催されました。その上位入賞者への景品がこちらです。※協力：ベラボー

機動戦士ガンダム ～戦士達の軌跡～ 角川書店連合企画 特別編

● バンダイ

角川書店の連合企画で500名にプレゼントされました。「ガンダムエース」2004年5月号付属のものと、GC『機動戦士ガンダム～戦士達の軌跡』解説書に付いているもの、2枚の応募券を両方ハガキに貼って応募するという方法でした。

PS2版の角川連合企画ソフトと同様、市販版を買った上で特別版の抽選に応募するというなかなか酷な応募方法でした。現物は所持しておらず、写真を用意できなかったため、文章のみとさせていただきます。

イベント・デモ用ソフト

● —

GCにはイベント用と思われる非売品ソフトがたくさんあり、どれも極めて入手困難です。また、店頭デモ用ディスクも多数あります。※協力：ベラボー

ゼルダの伝説 トワイライトプリンセス GC版

● 任天堂

Wii版の『ゼルダの伝説 トワイライトプリンセス』は、普通に販売されていましたが、GC版のほうは任天堂の通信販売専用でした。

ニンテンドーゲームキューブ

ゼルダコレクション
●任天堂

　2004年にクラブニンテンドーの景品として登場。500ポイントで引き替えられました。また「永久保存版『ゼルダコレクション』プレゼントキャンペーン」期間中、GC『ゼルダの伝説 4つの剣＋』のポイントを登録すると、150ポイントに割り引かれました。
　FC『ゼルダの伝説』やN64『時のオカリナ』など、シリーズ4タイトルを収録しています。

トミープレゼンツ スペシャル ディスク ナルト コレクション
●トミー

　「Vジャンプ」2004年9月号の懸賞で、10,000名にプレゼントされました。同号の応募券を切り取ってハガキに貼り、応募するというものでした。

特典ソフト
●―

　GCには特典などで配布されたソフトが多数あります。主なものとしては『ゼルダの伝説 時のオカリナGC』『ドルアーガの塔』『ポケモンコロシアム予約特典拡張ディスク』（2種）が挙げられます。

β版ソフト
●―

　インターネット時代らしく、β版ソフトも存在します。以下のものがあるようです。『ファンタシースターオンライン エピソード1＆2 トライアルエディション』『ファンタシースターオンライン エピソード3 C.A.R.D. Revolution トライアルエディション』『ホームランド テストディスク』『同 ブロードバンドアダプタ同梱版』。
　また専用モデムも白い箱で配布されたようです。

Wii

2006年に任天堂から登場。同時期の据え置きゲーム機としては最も高い販売台数を誇りました。非売品ソフトもそれなりの数が作られています。

The World of GOLDEN EGGS ノリノリリズム系　NISSAN NOTE オリジナルバージョン

日産自動車の「新・日産NOTE誕生フェア」のキャンペーン中に試乗して応募した方の中から、抽選で3,000名にプレゼントされました。期間は2008年1月19日と20日。日産NOTEとタイアップしていたアニメ「The World of GOLDEN EGGS」のキャラクターが登場するゲームになっています。当初はこのキャンペーン用に制作された特別なソフトでしたが、後に市販されました。また、期間中に試乗した人全員に「The World of GOLDEN EGGS DVD 特別版」(写真右)というDVDが配布されています。

AQUARIUS BASEBALL 限界の、その先へ

2007年開催の「アクエリアスチャレンジ」キャンペーンのプレゼント品。コカ・コーラ社のアクエリアス製品に付いている応募シールで、専用サイトにシリアルナンバーを登録するとポイントがたまり、13ポイント集めると松坂大輔選手とのバーチャル野球ゲームに挑戦できるというものでした。ここでホームランが打てると本ソフトがもらえたようです。配布数は3,000名です。

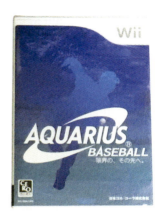

エキサイト猛マシン

●任天堂

2011年にクラブニンテンドーの景品として登場。1000ポイントで交換できました。

体験版ソフト

　Wiiの体験版は抽選でプレゼントされたものが多いです。けっこう入手困難なものも少なくありません。

　主なものとしては、『428 ～封鎖された渋谷で～ 体験版』『ソニックと秘密のリング 体験版』『コロリンパ2 おためし版』『宝島Z バルバロスの秘宝 体験版』『みんなで冒険！ファミリートレーナー 体験版』『β版 ドラゴンクエスト10』などがあります。

太鼓の達人用 金の太鼓

　2013年に一番くじ「太鼓の達人～日本一を目指すドン！～」のダブルチャンス賞で、10名にプレゼントされました。

　なお2015年11月26日～2016年1月31日に『太鼓の達人』の15周年キャンペーンでEXILEコラボグッズがプレゼントされた際には、A賞で「EXILE MAKIDAI サイン入り金の太鼓とバチ」が、B賞で「EXILE 関口メンディーサイン入り銀の太鼓とバチ」が、それぞれ2名にプレゼントされています。キャンペーン対象の『太鼓の達人』関連商品を購入し、シリアルコード付き応募カードを手に入れるかたちだったようです。

みんなの交通安全

●スターフィッシュ・エスディ

　児童向け自転車乗用および高齢者向け道路横断の指導などを行うための自転車シミュレーターで、自転車実物と同等のコントローラと、Wiiのソフトを使用するものです。

　スターフィッシュ・エスディから発売され、発売日は2007年12月20日。価格は税別765,000円でした。一般財団法人 日本交通安全教育普及協会の監修だそうです。

　残念ながら、筆者自身もこのソフトは所持しておりません。もしお持ちの方がおられましたら、筆者ブログ「オタク旦那と一般人嫁」宛てにご連絡いただけると嬉しいです……。

ニンテンドー 3DS

2011年、DSの後継機として任天堂から登場。現在も現役で新作ソフトが出続けている携帯ゲーム機です。非売品ソフトは多くないものの、いくつかは存在します。

ルーヴル美術館

　最近では、非売品ソフトはダウンロード配信されることが増え、パッケージ型の非売品ゲームソフトは減ってきました。それでもたまに毛色の変わったソフトが出てきます。

　『ニンテンドー3DS ガイド ルーヴル美術館』は、日本国内ではダウンロード販売専用でしたが、フランスのルーヴル美術館で実際にガイド用ソフトとして使われ、現地ではパッケージ版が販売されています。各国の言語別に数種類あり、日本語版も存在します。

　さらに日本で開催された「ルーヴル美術館展」（東京国立新美術館で2015年2月21日～6月1日、京都市美術館で2015年6月16日～9月27日）の会場で、日本国内版のパッケージソフトが限定販売されました。これは、フランスで販売されているパッケージ版の日本語版とは別物でした。

体験版

　『パズドラZ』では、『コロコロコミック限定体験版』と『限定チャレンジ版』の2種類のパッケージ版の体験版が登場しました。

番外編
PSVita 体験版

現行機ということでもうひとつ。PSVita版『ソウル・サクリファイス』の体験版は、パッケージでも配布されました。ダウンロードが主流の今となっては、貴重な存在だと思います。

プレイステーション3

2006年、SCEからPS2の後継機として登場。普及台数では任天堂のWiiに及ばなかったものの、その性能の高さからゲーマー層に支持されたゲーム機です。

体験版

　PS3になると体験版はデータ配信が当たり前になってきており、パッケージ配布されたものは極めて少ないです。一般向けに多数配布された体験版も存在しますが、『メタルギアライジング 体験版』『スペシャルデモディスク』(赤・白2種類)『PlayStation Move 体験ディスク』ぐらいです。PS2の頃に比べると激減します。

　そんな中でも、店舗や関係者向けに極少数作られたものもあったようです。筆者が所持している体験版としては『ラチェット＆クランク オールフォーワン 体験版』『ヴァンキッシュ 体験版』『ヤマサデジワールド SP パチスロ戦国無双 体験版』などがあります。

　『グランツーリスモ HD コンセプトインストールディスク』『スクウェア・エニックスマガジン デモディスク』のように、いかにも非売品ソフトらしいものもあります。このほかでは、『ウイニングイレブン 2009 adidas edeition』の体験版は、アディダスとの提携キャンペーンで、アディダス直営店舗などで配られたものです。

　PS3の非売品ソフト(体験版ソフト)は、配布経緯からして不明なものが多く、市場に出てくる頻度も極めて少ないため、実は秘かにコレクター的には茨の道だったりします。

イベント限定

　限定販売系では、『智代アフター ～ It's a Wonderful Life ～ CS Edition』があります。2012年7月29日「ビジュアルアーツ大感謝祭」で販売されました。店頭には並ばないイベント専売商品で、その後、コミックマーケット(83、85)など他のイベントでも販売されたようです。

プレイステーション・ポータブル

2004年にSCEから登場した携帯ゲーム機。同時代のDSと同じく大量の非売品ソフトが作られました。この辺りが、パッケージ型の非売品ソフトが大きな役割を果たした最後の世代だったのかもしれません。

カプコン スペシャルコレクションUMD
● カプコン

カプコンが実施した「あれコレキャンペーン」（2005年12月1日〜2006年3月31日）で、抽選で500名にプレゼントされたものです。対象商品を購入して付属の応募シール（一部商品はケース裏面のバーコードを切り取って応募シールの代わりに）をハガキに貼って応募するという方式でした。

みんなのGOLFポータブル コカ・コーラ スペシャルエディション
● SCE

コカ・コーラが実施した「毎日アタル！毎日変わる！Coke Style キャンペーン」（2005年3月28日〜5月31日）で、コカ・コーラの対象商品のシールのポイントを集めて応募すると、抽選で1,300名に、コカ・コーラのロゴ入りのPSP本体と、このソフトがセットでプレゼントされました。

市販版の内容に、コース内にコカ・コーラの看板があるなどの変更が加えられています。

交響詩篇エウレカセブン スペシャルディスク
● バンダイナムコゲームス

PS2『エウレカセブン TR1:NEW WAVE』『エウレカセブン NEW VISION』、PSP『交響詩篇エウレカセブン』の3本についている応募券のうち、いずれか2枚をソフト封入の申込用紙に貼り、1,000円分の切手とともに送付するともらえたものです（受付締切は2006年6月30日まで）。内容はTVアニメ「交響詩篇エウレカセブン」のオープニング＆エンディング他、色々な映像が収録されているものでした。

ザ・ドッグ ハッピーライフ マクドナルドVer
● ユークス

マクドナルドが実施した「どっちのDOG？キャンペーン」の期間中、ハッピーセットや朝マックメニューなどに応募カードが付属しました。そのIDを専用サイトで入力して応募すると、PSP本体とこのソフトがプレゼントされたようです。

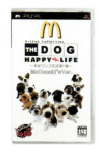

アクエリオン スペシャルUMDビデオ
● バンダイ

PS2『創聖のアクエリオン』封入の申込用紙と500円分の切手を合わせて送付するともらえたものです（受付締切は2005年7月31日と同年8月31日の2回）。TVアニメ「創聖のアクエリオン」の第1話他、色々な映像が収録されていました。

プレイステーション・ポータブル

小学生英語 BASIC
小学生英語 ADVANCED
７日間集中英検対策講座 ４級合格コース
●秀英予備校

『小学生英語 BASIC』は４本、『小学生英語 ADVANCED』は２本出ました。いずれも秀英予備校の教材用だと思われます。DS にも存在しています。

頭文字Ｄ STREET STAGE
（非売品版）
●セガ

市販版とパッケージなどが異なります。講談社の連合企画の懸賞でプレゼントされたようです。

頭文字Ｄ STREET STAGE
高橋涼介の公道最速 UMD D-FILE
●セガ

『頭文字Ｄ STREET STAGE』発売時の予約キャンペーンで配布されました。こちらはあまりレアではありません。

英雄伝説ガガーブトリロジー
スペシャルディスク
●バンダイ

PSP『英雄伝説 ガガーブトリロジー 海の檻歌』発売時のキャンペーンで、先着10000名に本ソフトとミニファンブックがセットでプレゼントされました。同ソフトに付いている応募ハガキに『英雄伝説 ガガーブトリロジー 白き魔女』と『同 朱紅い雫』の解説書の裏面左下の商品番号の部分を切り取り、貼って応募するという方式です。筆者の個人的な経験上ですが、10,000 本も配布された割には、あまり見かけません。

『海の檻歌』の発売日が 2006 年１月 12 日で、キャンペーン期間が 2006 年１月末までだったので、応募期間が短く、実際の配布数がもっと少なかった可能性もなくはありません。

次の犠牲者をオシラセシマス 特典UMD
●アスガルド

PSP『次の犠牲者をオシラセシマス』の第1巻と第2巻に付いている応募券を、第3巻に付いている応募ハガキに貼って申し込むともらえました。

たんていぶ デジタル設定資料集UMD
●アスガルド

PSP『たんていぶ』の第1巻〜第3巻付属の応募券を、第4巻に付いている応募ハガキに貼って申し込むともらえました。

うたの☆プリンスさまっ♪ Debut ステラセット特典UMD
●ブロッコリー

女性向けゲームショップ「ステラワース」で販売された『うたの☆プリンスさまっ♪ Debut 初回限定 DearDarling BOX ステラセット』に付属していました。

Starry Sky Portable アニメイト限定版特典ミニドラマUMD
●アスガルド

PSP『Starry Sky』シリーズのアニメイト限定版に付属した特典で『〜in Spring』『〜in Summer』『〜in Autumn』『〜in Winter』の4本があります。『in Spring』だけはPSP本体同梱版だったせいか、この中では比較的入手困難です。

絶対迷宮グリム メッセサンオー予約特典UMD
●ヴューズ

ストームラバー メッセサンオー予約特典UMD
●ディースリー・パブリッシャー

どちらも同名のPSPソフトを、ゲームショップ『メッセサンオー』で予約することでもらえた特典ソフトです。

秋葉原エンタまつり オリジナル映像集
●—

2005年の「秋葉原エンタまつり」の会場の抽選などで配布されたようです。けっこうたくさん出回っているように思われます。

天誅 必携の書
力丸バージョン／彩女バージョン

●フロム・ソフトウェア

　PSP『天誅 忍大全』の予約特典として配布。UMDのレーベルデザインが「力丸」「彩女」の2種類あります（写真は彩女バージョン）。予約特典としてもらった人は、開けるまでどちらが入っているかわからないというシロモノでした。

Planetarian
〜ちいさなほしのゆめ〜

●プロトタイプ

　イベント専売ソフトとして、Key10周年記念イベントなどで販売されました。この時点ではレアな存在でしたが、その後、パッケージ絵柄などが違う『東北地方太平洋沖地震被災地チャリティー版』が発売されています。こちらは、ソフト販売により生じた利益を、義援金として日本赤十字社に寄付するというものだったようです。

体験版ソフト

●—

　パッケージの体験版はけっこうたくさん出ており、配布された経緯も色々です。主なものを写真のみ掲載します。

番外編
UMDビデオ

　PSP向けにはゲームの他にもUMDビデオが多数出ています。これらもPSPソフトであることには違いありません。今は捨て値で転がっていますが、マイナーなものも多く存在し、すでに入手困難なタイトルもいくつかあるようです（比較的入手困難と思っているものを、ひとつ掲載してみました）。

　また、ここまで紹介してきたものにも含まれていますが、デモや映像特典などにも「UMD VIDEO」と書かれているものがかなりあります。

149

Xbox ／ Xbox360

初代 Xbox は 2002 年に、次世代の 360 は 2005 年にマイクロソフトから発売。ここでは、両機種の非売品ソフトをまとめて紹介させていただきます。

エム ～エンチャント・アーム Powered by 暴君ハバネロ

● フロム・ソフトウェア

　360『エム ～エンチャント・アーム』の特別バージョン。東ハトのスナック菓子「暴君ハバネロ」のリニューアル記念でプレゼントされたソフトのようです。

β版&体験版

　β版や体験版ソフトなども、いくつかあります。初代 Xbox では『頭脳対戦ライブ　β版』『鉄騎大戦　PILOT TEST』『ファンタシースターオンライン1＆2　β版』、360 では『ファイナルファンタジー11　βバージョン』『モンスターハンター フロンティア オンライン 体験版』がありました。

プレイディア

1994年にバンダイから発売。PSやSSに押されてあまり普及せず、影が薄いゲーム機ですが、非売品ソフトはいくつかあります。ソフトはCD-ROMタイプです。

非売品まとめ

『ゴー！ゴー！アックマン・プラネット』は、「Vジャンプ」1994年10号と11月号の懸賞で、プレイディア本体とセットで200名にプレゼントされたようです（応募券は10月号と11月号の両方が必要）。

このほか、『4大ヒーローBATTLE大全』『祐実とトコトンプレイディア』『バンダイ・アイテムコレクション70'』などがありますが、配布経緯などの詳細は不明です。

※協力：まんだらけ中野店 ギャラクシー

みちゃ王用

昔、バンダイが「みちゃ王」という子供向けのアミューズメント筐体を、デパートの子供コーナーなどに出していました。お金を投入するとムービーが見られるもので、大きさはガチャポンの筐体ぐらい。子供が上から覗き込める高さです。

その中身には「プレイディア」本体が使われており、「もしかしたらソフトに互換性があるのではないか」と推測して購入したのがこの『みちゃ王用ディスク 戦隊シリーズ』。一種の賭けでしたので、実際にプレイディア本体で動作したときは嬉しかったです。

3DO

3DO社がライセンシングし、松下電器など数社が製造・販売したゲーム機。SSやPSよりも早くCD-ROM型のソフトを採用した、32ビット機でした。

3DOは次世代機（当時）の先駆けだっただけあって、挑戦的な非売品ソフトが多いです。筆者が所持しているものは、『THE LITTLE HOUSE』『TOYOPET OUTDOOR WORLD』。また、おそらくゲームショップでは販売されていない『フロント・ハウズ』（全3種存在するようです）。このほかにも、非売品や変わったソフトが多数存在しています。

なお3DO版『DOOM』は、海外では発売されたものの、日本では未発売でした。海外製ソフトに日本語版マニュアルと攻略ハンドブックを付けたものが、バショウハウス自ら通信販売されました。

当時からあまり知られておらず、非常に希少です。

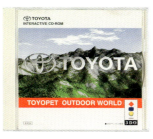

番外編
海外VB『マリオズテニス』の箱

海外版バーチャルボーイ本体には、『マリオズテニス』が同梱されていました。このため、ソフトの箱が存在しません。写真は、店頭などのディスプレイ用に作られた箱なのです。

その他機種

Column／ファミ通版ソフト勢ぞろい

「ファミ通」の企画などで制作され、抽選などでプレゼントされた非売品ソフトは、ほとんどの場合、「ファミ通」独自の要素が追加されており、「ファミ通版」という名前が付けられていることも多いです。そんな「ファミ通版」の非売品ソフトを集めてみました。

このページに写真を掲載したタイトルの多くは、すでに本書内で紹介済みのソフトですが、ひとつ毛色の変わったものがあります。『妄想コントローラ ゼビウス×ファミ通』です。

こちらの『妄想コントローラ』は「ファミ通」の1100号プロジェクトで、1,100名にプレゼントされたバージョンです。

なお『妄想コントローラ』というのは、キーチェーンゲームのような大きさでコントローラの形をしており、ゲームの音だけを楽しむというシロモノです。

例えばゼビウスの場合、敵をザッパーで打ち倒した時の「カリカリカリカリ」という効果音が妙に心地よく、深く記憶に残っていたりします。そういったニーズに目を付けた商品だと思われます。『ゼビウス』の他、『ストリートファイターⅡ』が3種類（「リュウ・ケン・サガット」「ケン・エドモンド本田・ガイル」「春麗・ダルシム・バルログ」）と、『ファミリースタジアム』が発売されました。

153

Column／体験版ソフトの世界

非売品ソフトコレクターをやっていて一番嬉しいのは、誰も知らない（誰も欲しがらない）未知のソフトを発見した時です。以前は、そういう未知のソフトがちょこちょこ出てきたのですが、さすがに最近は情報が掘り尽くされた感があり、未知のソフトはそうそう出てきません。そんな中で、まだほとんど未開拓のジャンルがあります。それが、体験版ソフトの世界です。

市場が存在せず、レトロゲーム店でもほとんどの場合買取不可。種類がありすぎて全容がつかめず、どこまで集めたらコンプなのか不明。流通本数も不明で、どれがどのぐらいレアなのか分かりません。ファミコンコレクターや非売品ゲームコレクターなど、世の中には色々なゲームコレクターのジャンルがありますが、体験版ソフトは、その種類の豊富さ、底の知れなさにおいて、他のジャンルの追随を許しません。市場価格も世間の価値観も度外視して、自分の主観的なセンスのみで、買い集めていくジャンル。そんなフロンティアな魅力が満載です。

そんなわけで、筆者は、体験版ソフトを集めるのが大好きです。そんな体験版の世界を、少しご紹介します。

体験版の概要

FC など、いわゆるカートリッジ型のソフトにおいては、サンプルや店頭デモ用のソフトは存在したものの数が非常に少なく、一般ユーザー向けには配布されませんでした。サンプルや店頭デモ用のソフトが増えて、一般ユーザー向けに体験版ソフトとして配布されるようになったのは、やはり媒体が CD-ROM になってからだと思います。

メガ CD の体験版ソフトは一般ユーザー向けに配布されたり、PCE の体験版付のムック本が販売されたりしました。そして、PS において、体験版ソフトの全盛期を迎えます。体験版ソフトを収集すると、PS と PS2 用ソフトが圧倒的に多いです。そして PS3 以降になると、ダウンロード配信が主流になり、パッケージでの体験版ソフトは少なくなっていきます。

MCD・PCE の体験版

メガ CD の体験版は一般向けに配布されたようですが、まだ少量しか配らなかったようで、コレクター的には、けっこう希少価値があります。

『サンダーホーク』の体験版は、8 センチシングル CD の形をしています。「ゲームソフト初のシングルカット！！」との記載がありますが、シングルカット単体の体験版はこれが最初で最後でした。

PCE の体験版は、ムック本の付録などで一般販売されたものが多数ありました。一方でそれ以外の体験版は、あまり一般向けに配布されなかったようで、希少価値があります。写真は『風の伝説ザナドゥ』の、ムック本に付いている体験版と店頭用の体験版で、後者が格段にレアです。

PS・PS2 の体験版

体験版が一般的になったのは、やはり PS からだと思います。PS と PS2 の体験版は無料でたくさん配布されました。今思えば豪勢な時代でした。紙ケースに CD-ROM と説明紙という形状のものが多く、ゲームの先行体験版として遊べるもの、ムービーだけ見ることができるもの、複数タイトルの体験版集など、色々ありました。

また、マイナーなタイトルの体験版も多数存在しており、そういったものは現状では極めて入手困難です。「体験版はコンプリート不可能」と言われる所以です。

ちなみに、同時並行で、PS と覇を競ったセガサターンの体験版も多数ありますが、ほとんどが専用パッケージ無しで、見た目が地味です。『バーチャファイター』の体験版など、あまりのシンプルさに漢気すら感じます。

体験版の種類

体験版の中でも、「店頭用」と付いている体験版は、格段にレアであることが多いです。一般ユーザー向けに配布されたものではなく、ゲーム販売店の店頭デモ等に使うことを意識して作られたものではないかと推測します。例えば PS『サルゲッチュ』は、『体験版』はよく見かけますが、『店頭用体験版』は都市伝説級のレアです。

もっと強い調子なのが PS2『サイレン』で、「ユーザー配布禁止」とまで書かれると、もはやコレクターへの挑戦状のように思えます。

また、TSUTAYA ではゲームの体験版のレンタルを行っており、通常の体験版とレンタル用の体験版では、型番やケースが違ったりします。コレクターであれば、通常の体験版とツタヤのレンタル用の両方を揃えたいところです。

PS『MLB PENNANT RACE』のスペシャルムービーディスクは、地味なので見落とされがちですが、なにげに未発売ソフトです。これがもし FC ソフトだったら、大変な価値になっていただろうと思います。

PS『サーカディア』の『受注用体験版』、PS『ボカンと一発！ドロンボー』の『営業用サンプル』なども名前からして業者向けっぽく、コレクターであればビビッとくる逸品です。

またドリームキャストの体験版は、海外コレクターが参戦してきそうなジャンルである上に、『店頭用体験版』が多数あるので、今後、コレクター市場での熱い展開が期待される……かもしれません。

体験版の魅力

繰り返しになりますが、最大の魅力は、「まだ全容が見えていない」ことです。体験版ソフトは星の数ほどもあるため、コレクションにつきものの「コンプリート」という概念を持つことが不可能です。そのせいか、コレクター市場でも「対象外」的な扱いを受けており、ほとんど情報がありません。一方で、中には希少ソフトもあり、そういったソフトは存在すら知られないまま燃えないゴミとして消えていきつつあります。コレクター的に見たら、マップ無しの上に時間制限付きという、超ハードな無理ゲーです。しかし、市場からノーマークであるが故に「ありさえすれば安い」という利点があります。

資金力ではなく、純粋な探索力、情報収集力、情熱がモノをいう世界ですので、コレクターとしては非常にやりがいのあるジャンルです。

コンプリートに縛られることなく、自分の直感を頼りに、心の琴線に触れたソフトを気の赴くままにゲットし、新境地を開拓していく……そんな、コレクターとして純粋に楽しめるジャンルだと思います。

その他機種

PS・PS2の体験版。

メガCDの体験版。

PCエンジンの体験版。

PCE『風の伝説ザナドゥ』の体験版。下がムック付属のもの。

セガサターンの体験版。

PS『サルゲッチュ』の体験版。左が「店頭用体験版」。

PS2『サイレン 店頭体験＆放映用ROM』。タイトルの下側に「ユーザー配布禁止」とある。

PS『アーマードコア 通信対戦 体験版』。

PS『エアガイツ』の体験版。右がレンタル用。

PS『玉繭物語』の体験版。左がレンタル用。

PS『MLB PENNANT RACE スペシャルムービーディスク』。

PS『サーカディア 受注用体験版』。

PS『ボカンと一発！ドロンボー 営業用サンプル』。

DCの体験版。

Column／With サウンドウェア

　筆者がファミコン少年だった頃、FC ソフトの値段は、だいたい 4,000 ～ 5,000 円ぐらいでした。そんな中、光栄のシミュレーションソフトは定価 9,800 円という別格の値段で、他のソフトとは何かが違う大人の世界を感じていました。

　通常でも高額だった光栄のソフトですが、さらにサウンドウェア CD が付属した「With サウンドウェア」版というものがありました。値段は、タイトルにより、12,200 円、14,200 円、17,200 円の 3 パターンのいずれかでした。子供達からすると、もはや理不尽なぐらいの値段でした。当然、子供達には高根の花で、おいそれと買えるものではありません。

　それから月日は流れ、かつてのファミコン少年達が大人になり、FC ソフトがレトロゲームとして収集されるようになってくる中、「With サウンドウェア」版のソフトは、当時のファミコン少年たちが全くノーマーク（というか買えなかった）だったせいか数が少ないようで、ほとんど市場に出てきません。一部のタイトルは、都市伝説級に見かけません。そんな「With サウンドウェア」を並べてみました。

FC の「With サウンドウェア」。

SFC の「With サウンドウェア」。

MD の「With サウンドウェア」。

関連ソフト

EMIT
●コーエー

　『EMIT』は、コーエーから発売された英語学習用ソフトですが、キャラデザインがいのまたむつみで、ストーリーも楽しめる内容で、ゲームとして十分に遊べます。

　その『EMIT』には色々なバリエーションがあり、意外とコレクター泣かせです。さらに『EMIT』全巻を入れた、『バリューセット』もありました。SS や PS でも出ていますが、SFC のバリューセットが、群を抜いて入手困難です。

Column／ゲームチラシの魅力

ゲームのチラシは、眺めていると楽しいものが多いです。そのため、集めるのが好きな人は多いと思います。筆者も好きで、集めています。

その中から、ちょっと毛色の変わったものをいくつか掲載させていただきます。

FC ラブクエスト（未発売ソフト）

FC フィリックス・ザ・キャット（未発売ソフト）

FC ドタ君の冒険浪漫（未発売ソフト）

FC 聖書1999（未発売ソフト）

SFC ああっ女神さまっ（未発売ソフト）

SFC Triff（未発売ソフト）

PCE スペースファンタジーゾーン（未発売ソフト）

MD テキパキ（未発売ソフト）

VB バーチャルジョッキー（未発売ソフト）

索引

※スペースの都合上、主要なタイトルのみ掲載いたしました。また、タイトル名も意味が通じる範囲内で省略しております。本文中では、ここに掲載されていないソフトも多数紹介しております。

■ FC

- HVC 検査カセット ……… 11
- NHK 学園 ……… 30
- オバケのQ太郎 ワンワンパニック ゴールドカートリッジ ……… 9
- オールナイトニッポン スーパーマリオブラザーズ ……… 13
- 影の伝説 ヤマキめんつゆサマープレゼント ……… 6
- KUNG FU ……… 8
- 機動戦士Zガンダム ホットスクランブル FINAL VERSION ……… 4
- キン肉マンマッスルタッグマッチ ゴールドカートリッジ ……… 8
- キン肉マンマッスルタッグマッチ 集英社の児童図書プレゼント ……… 6
- グラディウス アルキメンデス編 ……… 4
- ゴジラ EXTRA PLAYING ……… 7
- ゴールドディスク(ゴルフ JAPAN コース) ……… 14
- スタディボックス ……… 25
- スターソルジャー 連射測定カセット ……… 11
- セイフティライー ……… 14
- ゼルダの伝説チャルメラ版 ……… 14
- タッグチームプロレス リング スペシャル ……… 5
- 通信カートリッジ ……… 18
- DATASHIP1200 ……… 25
- データック(DATACH)スペシャルカード ……… 17
- 透明ジョイカード mk2 ……… 7
- トップライダー キリンメッツバージョン ……… 7
- トップライダー YAMAHA バージョン ……… 7
- ドラゴンボールZ 強襲!! サイヤ人 '90 LIMITED EDITION ……… 9
- ドラゴンボールZⅡ '91 JUMP VICTORY MEMORIAL VERSION ……… 9
- ドンキーコング JR. & JR. 算数レッスン ……… 11
- バイナリランド ご祝儀バージョン ……… 10
- パンチアウト!! ゴールドカートリッジ ……… 10
- ファミリースクール ……… 7
- ファミリーボクシング ゴールドカートリッジ ……… 10
- PRIZE CARD (ゴルフ US コース) ……… 14
- プリティミニ ……… 17
- PLAY BOX BASIC ……… 12
- マイティ文珍ジャック ……… 12
- 名門! 第三野球部 スペシャルソフト ……… 10
- 桃太郎電鉄 スペシャル版 ……… 12
- レイダック テーラーメイド ……… 5
- ロックマン4 ゴールド ……… 8
- 惑星アトン外伝 ……… 14

■ SFC

- UNDAKE30 鮫亀大作戦マリオバージョン ……… 43
- くにおくんのドッジボールだよ全員集合!・とーなめんとすぺしゃる ……… 43
- クロノ・トリガー ジャンプスペシャルパッケージ ……… 42
- Get in the hole ……… 42
- GAME PROCESSOR ……… 44
- 在宅投票システム SPAT4 ……… 45
- 鮫亀 キャラデータ集・天外魔境 ……… 44
- JRA-PAT ……… 45
- スーパーテトリス2＋ボンブリスゴールドカートリッジ ……… 42
- スーパーファミコン コントローラ テストカセット ……… 44
- スーパーフォーメーションサッカー 95 UCC ザクアバージョン ……… 39
- スーパーボンバーマン2 体験版 ……… 43

- スーパーボンバーマン5 コロコロコミック 非売品 ……… 43
- スーパー桃太郎電鉄 DX JR 西日本 PRESENTS ……… 41
- 天外魔境 ZERO ジャンプの章 ……… 41
- パチンコ鉄人 七番勝負 ……… 40
- From TV animation スラムダンク 集英社 LIMITED ……… 38
- マジカルドロップ2 文化放送スペシャルバン ……… 42
- もと子ちゃんのワンダーキッチン ……… 40
- ヤムヤム ゴールドカートリッジ ……… 5
- UFO 仮面 ヤキソバン ケトラーの黒い陰謀 景品版 ……… 40
- ヨッシーのクッキー クルッポンオーブンでクッキー ……… 39
- リーサルエンフォーサーズ ファミ通版 ……… 38

■ GB ／ GBC

- 内祝 兄弟神技のパズルゲーム ……… 51
- グランデュエル 体験版 ……… 52
- ゲームボーイウォーズ TURBO ファミ通版 ……… 50
- GB Kiss MINI GAMES ……… 51
- ゲームボーイニントロラ テストカセット ……… 50
- From TV animation スラムダンク 集英社 LIMITED ……… 50
- ポケットモンスター青(通信販売版) ……… 51
- ボンバーマン MAX Ain バージョン ……… 52
- ボンバーマン MAX 完全データバージョン ……… 52
- マリオファミリー ……… 54
- らくらくミシン ……… 54
- ロボットポンコッツ コミックボンボンスペシャルバージョン ……… 53
- ロボットポンコッツ 体験版 ……… 53

■ GBA

- アオ・ゾーラと仲間たち 夢の冒険(銀行店頭販売版) ……… 59
- SD ガンダムフォース講談社連合企画特別版 ……… 57
- ジュラシックパーク インスティテュートツアー ……… 60
- ヒカルの碁 体験版 ……… 58
- ファミコンミニ 機動戦士Zガンダム ホットスクランブル ……… 56
- ファミコンミニ スーパーマリオ ……… 56
- ファミコンミニ 第2次スーパーロボット大戦 ……… 56
- ボクらの太陽 株主優待版 ……… 60
- ミニモニ。ミカのハピモニ chatty ……… 60
- メダロット弐 CORE カブトバージョン ボンボン販売版 ……… 57
- 遊戯王デュエルモンスターズ5 体験版 ……… 58
- 妖怪道 サクリコーンキャンペーン特別版 ……… 59
- リズム天国 店頭体験版 ……… 58

■ DS

- あのね♪ DS ……… 64
- クルトレ eCDP ……… 64
- 佐渡市向け防災・地域情報提供システム ……… 64
- 小学生英語 ……… 70
- Dsvision 関連 ……… 69
- ぷよぷよ!! たいけんぷん ……… 68

■ PS

- AlaBaMa meet WiLL Vi ……… 81
- アークザラッドモンスターゲーム プレゼント版 ……… 72
- 犬夜叉 体験版 ……… 77
- ウィザードリィ Ⅶ メイキング CD-ROM ……… 76

- 映画で楽しく英語マスターコース(天国に行けないパパ) ……… 85
- エキゾーストヒート スペシャルディスク ……… 88
- 逢魔が時 プレミアム"FAN"ディスク ……… 74
- オーバードライビン体験版 日産プリンス ……… 81
- オーバーブラッド2 プレミアムディスク THE "EAST EDGE" FILE ……… 80
- 仮面ライダーアギト&百獣戦隊ガオレンジャー スペシャル DISC ……… 80
- キッズステーション スペシャルディスク ……… 77
- 機動警察パトレイバー ゲームエディション 体験版 ……… 77
- 講談社連合企画関連ソフト ……… 76
- 激闘! クラッシュギア TURBO コミックボンボン スペシャルディスク ……… 76
- ケロッグオリジナルプレイステーション新作ソフト体験盤 ……… 74
- 極意 ゲームクリエイターになろう! ……… 87
- コミックボンボン スペシャルムービーディスク ……… 78
- THE KING OF FIGHTERS '98 京眠リバージョン ……… 90
- 実況パワフルプロ野球 99 開幕版 KCEO 株式店頭公開記念 ……… 84
- 鋼鉄のガールフレンド ORIGINAL SCREEN SAVER ……… 72
- GRV2000 ……… 86
- ストリートファイター EX プラスα 樟版 ……… 72
- ちっぽけラルフの大冒険 体験版 へろへろくんバージョン ……… 78
- テイルズ オブ デスティニー PREVIEW EDITION ファミ通バージョン ……… 79
- デコピコ ……… 82
- デジモンワールド 体験版 ボンボンプレミアムディスク ……… 78
- DEMODEMO プレイステーション ……… 83
- デンタル IQ (いっきゅう)さん ……… 88
- どこでもいっしょ体験版 カルピスウォーターバージョン ……… 73
- ドレスアップキング ……… 88
- トワイライトシンドローム ～ THE Memorize ～ ……… 74
- ナジャヴの大冒険 ……… 89
- にせプロポン君 P !～ファミ通のっとりバージョン ……… 73
- Neo ATLAS 体験版 ファミ島の謎 ……… 79
- ネッツマガジン ……… 81
- ネッツマガジン アルテッツァ ……… 81
- ネッツマガジン VITZ ……… 81
- ハイパーオリンピック イン ナガノ ミズノスペシャル ……… 75
- パチスロアルゼ王国 ビッグ・ボーナス・ディスク ……… 75
- バトルボンビー ……… 80
- ハリー・ポッターと賢者の石 コカコーラオリジナルバージョン ……… 73
- バンタン学校案内 CD-ROM ……… 73
- fun!fun! Pingu ようこそ!南極へ 体験版 住友生命スペシャル ……… 82
- プライムゴール EX ローソン版 ……… 73
- ブレイブサーガ 勇者限定公式データディスク 勇者の証 ……… 80
- マクロス VF-X2 特別体験版 ……… 72
- まざぁずが ………
- ミリオンクラシック NESCAFE 版 ……… 75
- 名探偵コナン 3人の名推理体験版 サンデープレミアムディスク ………
- 名探偵コナン 迷宮の十字路スペシャルディ

スク ··· 87
・[メタルギアソリッド債]発行記念 メタルギアソリッド ·· 84
・遊戯王モンスターカプセル ジャンプスペシャル体験版 ·· 77
・Rap・la・MuuMuu from JumpingFlash!2 ··· 80
・るろうに剣心 十勇士陰謀編 スペシャルムービーディスク ·· 87
・RAY・RAY・CD-ROM ························ 74
・ロックマン バトル&チェイス スペシャルデータ メモリーカード ································· 75
・ワープロソフト EGWORD ······················ 89

■PS2
・アーマード・コア ラストレイヴン チャンピオン特別版 ·· 94
・インターネットおまかせロム ····················· 99
・イージーブラウザー ······························· 99
・機動戦士ガンダム戦記 角川書店連合企画特別版 ····································· 94
・蔵衛門 ··· 98
・消しキュンパズル ································· 94
・幻想水滸伝3 幻想水滸伝債発行記念 ········· 96
・講談社連合企画関連ソフト ····················· 93
・実況パワフルプロ野球11 株主特別プレゼント版 ··· 97
・新コンバットチョロQ 体験版 スペシャルディスク Vジャンプver ·························· 95
・テレビマガジン ウルトラマン スペシャルディスク ··· 95
・ときめきメモリアル3 ゲームファンド版 ··········· 96
・ドラゴンボール Z2V ······························· 92
・トレインキット for A列車で行こう2001 ·· 100
・Train Simulator 御堂筋線 ·················· 100
・Newtype ガンダムゲームスペシャルディスク ··· 94
・ネットでロン モニター版 ························· 97
・NetFront ··· 99
・はじめの一歩 プレミアムディスク ················ 92
・ハリーポッターと秘密の部屋 コカコーラオリジナルバージョン ······························ 95
・ピクチャーパラダイス 体験版 ··················· 98
・FORMULA SUZUKI 隼タイムアタック ··· 101
・メタルギアソリッド3 株主優待版 ················ 96
・メタルギアソリッド2 第2回メタルギアソリッド債発行記念 ································· 95
・Linux ··· 98
・ワンピースグランドバトル グランドツアーズスペシャルディスク ··························· 100

■MD／マスターシステム
・大阪銀行ホームバンキング ···················· 109
・メガドライブ 実演用サンプル ·················· 108
・グレートアイスホッケー 国内版 ················ 112
・Go-Net ·· 110
・サンサン ··· 110
・スミセイホーム端末 ···························· 109
・セガチャンネル専用 レシーバーカートリッジ ··· 111
・テトリス(未発売ソフト) ························· 109
・名古屋銀行のホームバンキングサービス・ナイスくんミニ ······················· 109
・日刊スポーツ プロ野球VAN ·················· 110
・バンパイアキラー ゴールドカートリッジ ··· 106
・メガアンサー ···································· 109
・メガCD専用レンズクリーナー フレッシュクリーナー ·································· 111
・リーサルエンフォーサーズ ファミ版(メガCD版) ·································· 111
・ワンダーMIDI ··································· 107
・ワンダーメガコレクション ······················ 111
・ワンダーライブラリ ····························· 107

■GG
・学科自習システム カーライセンス ··········· 112
・ゲームギア 実演用サンプル ·················· 112

■SS
・アイドル麻雀ファイナルロマンス 着せかえディスク ······································ 118
・i miss you. ···································· 120
・EGWORD ······································ 121
・オウガ限定版パワーメモリー ·················· 116
・オレゾン&ベーシック Welcome to アイフルホーム ································· 114
・ギャラクシーファイト 特製サンサターンパック ··· 122
・きゃんバニ日めくりカレンダー ················· 118
・クリスマスナイツ 冬季限定版 ················ 120
・実践パチスロ必勝法！アイアンフック ··· 121
・シャイニングフォース3 プレミアムディスク ··· 115
・雀帝バトルコスプレイヤー オリジナル原画集 ··· 121
・スーパー競輪 ··································· 120
・スーパーリアル麻雀 P's CLUB 限定版 ··· 117
・帝国華撃団団員名簿 ·························· 116
・デビルサマナーソウルハッカーズ EXTRAダンジョン ···························· 116
・でべろマガジン Vol.2 (セガサターン版CDROM付) ·································· 122
・デリソバデラックス ···························· 114
・電波少年的ゲーム ····························· 115
・Dragon's Dream ······························ 118
・野村ホームトレード ···························· 114
・ハイムワルツ ···································· 118
・BAROQUE REPORT CD DATA FILE ···· 121
・バーチャファイター CGポートレート デュアル ··· 119
・バーチャファイター CGポートレートコレクション ····································· 120
・バーチャファイターキッズ ジャワティ版 ··· 120
・ピクトフラッシュ どんどん ····················· 121
・ぷらら グリーンデイズ version1.0 ··········· 119
・ボイスワールド サンプル ····················· 119

■DC
・AlaBaMa meets WiLL Vi ··················· 124
・Irides: Master of Blocks[Limited edition] ·································· 130
・うさナビ CD ···································· 130
・ST ステーション パスポート ·················· 127
・介護ネットワークパスポート ··················· 128
・語り継ぐ経営 大川流 ·························· 124
・期間限定版インターネットテレビ電話ショッピング ··································· 127
・機動戦艦ナデシコ スペシャルディスク ··· 129
・KYOTEI for Dreamcast ····················· 129
・グラウエンの鳥籠 ······························ 124
・神戸パスポート TV電話版 ··················· 127
・ゴルフしようよ トーナメントディスク ·········· 124
・栽培ねっと ······································ 127
・J-コイルパスポート ···························· 128
・CSK健康保険組合専用 ドリームパスポート2 ························· 126
・スクールネット・エクスペリメンタル ············ 126
・D-net ··· 126
・でじこのマインスイーパー ····················· 125
・ドリキャッチシリーズ ··························· 125
・Dreamcast用 痕 プレイヤー MILK-DC ··· 125
・ドリームパスポート2 with ぐるぐる温泉 ··· 126
・ドリームパスポート2 for LAN ················ 126
・ドリームパスポート TOYOTA ················ 126
・ドリームプレビュー ····························· 129

・野村ホームトレード ···························· 128
・fish life コントロールユニット専用ソフト ··· 129
・ラストホープ 限定版 ·························· 130

■PCE
・秋山仁の数学ミステリー ······················ 134
・ガンヘッド スペシャルバージョン ············· 133
・サーカスライド ································· 134
・ソルジャーブレイド スペシャルバージョン ··· 133
・ダライアスα ···································· 132
・パワーリーグ オールスター GOLD ········· 132
・PC原人3 体験版 ······························ 134
・ファイナルソルジャー スペシャルバージョン ································· 133
・ボンバーマン ユーザーズバトル ············· 133
・ボンバーマン '93 スペシャルバージョン ··· 133

■WS
・SDガンダム．オペレーション U.C. スペシャルバージョン ··························· 136
・ジャッジメントシルバーソード ················· 137
・スターハーツ体験版 ··························· 138
・DICING KNIGHT (だいしんぐ・ないと) ··· 137
・デジモンアドベンチャー キャンペーン限定バージョン ···························· 136
・TENORI-ON (テノリオン) ···················· 136
・ママみって ······································ 138

■GC
・機動戦士ガンダム〜戦士達の軌跡〜角川書店連合企画特別版 ················ 140
・ゲーム大会入賞記念特製スマブラDX ムービーディスク ····························· 140
・ゼルダコレクション ···························· 141
・ゼルダの伝説 トワイライトプリンセス GC版 ··· 140
・トミーブレゼンツ スペシャルディスク ナルトコレクション ··························· 141

■Wii
・AQUARIUS BASEBALL 限界の、その先へ ··· 142
・エキサイト猛マシン ···························· 142
・The World of GOLDEN EGGS NISSAN NOTE バージョン ······················· 142
・太鼓の達人用 金の太鼓 ······················ 143
・みんなの交通安全 ····························· 143

■3DS
・ニンテンドー3DS ガイド ルーヴル美術館 ··· 144

■PSP
・アクエリオン スペシャル UMD ビデオ ··· 146
・頭文字D STREET STAGE (非売品版) ··· 147
・英雄伝説ガガーブトリロジー スペシャルディスク ································· 147
・カプコンスペシャルコレクション UMD ··· 146
・交響詩篇エウレカセブン スペシャルディスク ··································· 146
・ザ・ドッグ ハッピーライフ マクドナルドVer ··· 146
・小学生英語 ····································· 147
・たんていぶ デジタル設定資料集 UMD ··· 148
・次の犠牲者をオシラセシマス 特典 UMD ··· 148
・みんなのGOLF ポータブル コカ・コーラエディション ····························· 146

■Xbox 360
・エム 〜エンチャント・アーム Powered by 暴君ハバネロ ····················· 150

■プレイディア
・みちゃ王用ディスク 戦隊シリーズ ··········· 151

159

じろのすけ

非売品ゲームソフトコレクター日本一を目指している、ふつうのサラリーマン。ブログ「オタク旦那と一般人嫁」を運営中。
http://jironosuke.cocolog-nifty.com/blog/
Twitter　@jironosuke99

非売品ゲームソフト ガイドブック

執筆協力・情報提供

● ベラボー
● オロチ（ファミコンのネタ!!）
http://famicoroti.blog81.fc2.com/
● 麟閣
● 大塚祐一（@DCCOMP）
● PCエンジン研究会
● FAMICOMANIA KUBOKEN
● 市長 queen
● ナポりたん
● 鯨武長之介
● 山田恵助
● ゲームインパクト
https://www.gameimpact.info/
● pusai
● 得物屋24時間
http://www.pekori.jp/~emonoya/

取材協力（50音順）

■ スーパーポテト秋葉原店
　東京都千代田区外神田1丁目11番2号 北林ビル3・4・5階
　Tel：03-5289-9933
■ 駿河屋
　https://www.suruga-ya.jp/
■ 駿河屋秋葉原店 ゲーム館
　東京都千代田区外神田3丁目9-8　東洋ビル1階
　Tel：03-3256-7277
■ まんだらけ コンプレックス
　東京都千代田区外神田3丁目11-12
　Tel：03-3252-7007
■ まんだらけ中野店ギャラクシー
　東京都中野区中野5-52-15 中野ブロードウェイ2F
　Tel：03-3228-0007

発行日	2018年1月24日 発行 2021年4月1日 第3刷発行
著者	じろのすけ
カバーデザイン	大宮直人
本文デザイン	西村亜希子
レイアウト	RUHIA
発行人	塩見正孝
編集人	若尾空
発行所	株式会社三才ブックス 〒101-0041 東京都千代田区神田須田町2-6-5 OS'85ビル3F TEL／03-3255-7995（代表）　FAX／03-5298-3520 info@sansaibooks.co.jp
郵便振替口座	00130-2-58044
印刷・製本	図書印刷株式会社

◆記事中の会社名および商品名は、該当する各社の商号・商標または登録商標です。
◆本書の無断複写（コピー）は、著作権法上の例外を除いて禁じられております。
◆落丁・乱丁の場合は、小社販売部までお送りください。送料小社負担にてお取り替えいたします。